QSNKXQZXL

提 供 科 学 知 识

照 亮 人 生 之 路

青少年科学启智系列

什么不是数学

李武炎◎主编

长春出版社
全国百佳图书出版单位

图书在版编目（CIP）数据

什么不是数学／李武炎主编. —长春：长春出版社，2013.1
（青少年科学启智系列）
ISBN 978－7－5445－2620－3

Ⅰ．①什… Ⅱ．①李… Ⅲ．①数学－青年读物
②数学－少年读物 Ⅳ．①01－49

中国版本图书馆 CIP 数据核字（2012）第 274915 号

著作权合同登记号 图字：07－2012－3845

什么不是数学
本书中文简体字版权由台湾商务印书馆授予长春出版社出版发行。

什么不是数学

主　　编：李武炎
责任编辑：王生团
封面设计：王　宁

出版发行：长春出版社　　　　　总编室电话：0431-88563443
　　　　　发行部电话：0431-88561180　邮购零售电话：0431-88561177
地　　址：吉林省长春市建设街 1377 号
邮　　编：130061
网　　址：www.cccbs.net
制　　版：长春市大航图文制作有限公司
印　　制：沈阳新华印刷厂
经　　销：新华书店

开　　本：700 毫米×980 毫米　1/16
字　　数：120 千字
印　　张：13
版　　次：2013 年 1 月第 1 版
印　　次：2013 年 1 月第 1 次印刷
定　　价：23.50 元

序

数学是一种科学，从物力学、化学、天文学到经济学、工程技术等，无不用到数学。一个人从上学的第一天起，就开始学习数学，至少会有十三四年的时间要学习这门课程，可见数学这门课程的重要与应用之普遍，但是对于广大学生来说，繁琐的公式与抽象的概念另其望而生畏。最近几年，一些出版单位不断地推出通俗性的科普读物，在市场上，深受读者喜爱。基于此，我们编著了《什么不是数学》这本书，以通俗的语言，深入浅出地介绍与数学有关的知识，以达到提倡科学教育的目的。

本书收集的文章都是脍炙人口的数学科普作品，对于充实教科书以外的数学知识，引发学生对数学学习的兴趣，具有积极的作用。我们在遴选文章时预先设立几个原则：第一是文章的可读性要很高，最好是有趣又能益智的题材，例如我们选中的"韩信点兵"、"漫谈幻方"、"圆周率π"以及"费马最后定理"等，都是为大众普遍熟知且深感兴趣的知识，其中"韩信点兵"是古典的数论问题，是研究有关余数的题目，其解法是中国人最早发现的，所以被称为"中国剩余定理"；"幻方"是中国民间流行的智力游戏，也是古代中国数学家钻研的题材；"圆周率π"则是为人们津津乐道的，是小学生数学学习时碰到的第一个常数，它的故事充满乐趣；而"费马最后定理"的证明成功堪称二十世纪数学发展的里程碑。选材的第二原则是内容的多元化且具有启发性，为了配合这个原则，我们挑了几篇介绍数学家故事的文章，其中有史上三大数学家之一的阿基米德，也有对代数学的发展具关键性的天才数学家伽罗华，他的故事与本书中的"代数的故事"有关，希望对喜好数学的学子有激励启发的作用。

本书编辑出版的文章都是精彩的，而且作者的书写技巧也是一流的，这些作者大多长期从事教学和科研工作，具有极高的水平。读者通过阅读他们的文章，可以窥探到数学的发展概貌，领略数学文化的丰富多彩。

编　者

目 录

1 / 向阿基米德致敬

14 / 早夭的天才数学家伽罗华

20 / 破解费马最后定理

27 / 数学界的诺贝尔奖

38 / 数学与大自然的对话

44 / 来自花剌子模的人

52 / 代数学的故事（上）

69 / 代数学的故事（下）

80 / 什么不是数学

90 / 谈韩信点兵问题

109 / 分形的魅力

117 / 阿林谈微积分（上）

134 / 阿林谈微积分（中）

147 / 阿林谈微积分（下）

156 / 数学中最美的等式——数、生活与学习

162 / 漫谈幻方

172 / 漫谈斐波那契数列

183 / 一个名为"拈"的游戏

193 / 享受 π 乐趣

什么不是数学

向阿基米德致敬

□ 蔡聪明

法国启蒙运动大师伏尔泰说："阿基米德的头脑要比荷马的更富想象力。"

意大利西西里岛（Sicily）的东南地方，有一个叫做西拉库拉（Syracuse）的海港。公元前 734 年，迦太基人（Carthage）曾在此建造一座古城，这就是阿基米德（Archimedes，约 287 — 212B. C.）的故乡。他在此诞生，其后到过亚历山大（Alexandria）游学，然后回乡工作并且死于西拉库拉。

根据历史的记载（或传说），西拉库拉的国王赫农二世，为了庆功谢神，命工匠打造一顶纯金皇冠，要献给不朽的

图1　阿基米德沐浴图

神。完工之日，国王怀疑皇冠不纯，掺杂有银子，但是苦于找不到科学方法加以判别。因此，他就去请教好朋友阿基米德，提出著名的皇冠问题（the crown problem）：

在不熔化皇冠的条件下，

（1）如何判别皇冠是纯金与否？

（2）若不是纯金的话，如何求得金、银的含量各占多少？

阿基米德苦思一段时日，也是无所得。有一天他到澡堂洗澡，当他把身体沉入浴池的水里时，他敏锐地察觉到水位上升，并且身体的重量稍减（见图1），他突然灵光闪现，狂喜得忘我地冲跑回家，上演裸奔，并且大叫：

"Eureka! Eureka!"（意指：我发现了！我发现了！）

本文我们要展示阿基米德的分析方法与实验精神，结合物理与数学，从而解决皇冠问题的过程，并且由洗澡又发现"浮力原理"，再延伸出实数系"阿基米德性质"的美妙收获。

分析与实验

大家都知道，金的比重大于银，故相同重量的金或银，体积是前者小于后者（图2）。同理，相同体积的金或银，重量是前者大于后者。

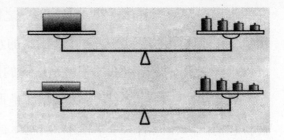

图2　重量相同时，金的体积小于银

其次，一块金属在打造成不同的形状后，体积不变（假设是实心的，内部没有空隙），表面积当然会变。

有了上述两个基本常识，阿基米德分析论证如下：假设称得皇冠的重量是2879克，再取来同样是2879克的一块纯金与一块纯银，已知它们的体积分别为 V_1 与 V_3。假设皇冠的体积为 V_2，那么就有

（1）如果皇冠是金银混合打造的，则

$$V_1 < V_2 < V_3 \qquad ①$$

（2）如果皇冠是纯金打造的，则

$$V_1 = V_2 < V_3 \qquad ②$$

反之亦然。因此，只要能够测量出皇冠的体积，就可以利用①式或②式来验知皇冠是纯金与否的问题。

阿基米德虽是求算体积（如球、锥的体积）的高手，但是皇冠凹凸不平、弯曲变化，如何求它的体积呢？

正当他苦思不得其解时，洗澡的契机使他发现身体所排

开的水量正好就是身体浸在水中的部分之体积。这马上使他悟出，皇冠体积的度量方法：在装满水的水槽，将皇冠全部沉入水中，那么溢出水的体积就是皇冠的体积。

现在取来一块纯金，跟皇冠同样都是重 2879 克（图 3）。再将它们沉入相同的两个水槽中，阿基米德发现皇冠所排开的水量比较多（图 4），即①式成立。因此他证明了金匠"偷工减料"。我们注意到，如果金、银的比重很相近，那么就可能会产生判别上的困扰。

阿基米德所解决的皇冠问题，虽然渺小，也不难，但已足令他狂喜到裸奔。因此，不论问题是大是小，困难或容

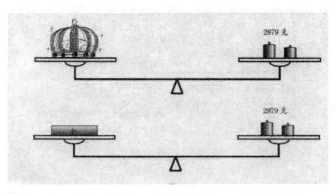

图 3

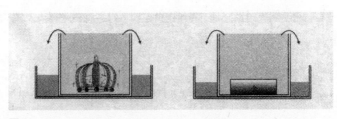

图 4

易，只要是自己从头到尾彻底地想出来，独立地解决问题，就会令人欣喜若狂。例如，当牛顿发现微分与积分的关联时，他说："我已经发现了用微分来算积分！"这种喜悦标志着数学史上的一个伟大时刻。数学里有最丰富的题材，让人得到这种美好的经验。

在历史上，还有两个例子，可以媲美阿基米德解决皇冠问题：曹冲称象与爱迪生（Edison，1847 — 1931）测量电灯泡的体积。

世界上每天有何其多的人洗澡，只有阿基米德从中得到"我发现了"的惊喜，这是因为怀有"问题意识"，在问题的引导之下，让他对周遭的感觉敏锐。"天才是一分的灵感，加上九十九分的汗水"，爱迪生如是告诫我们。灵感（inspiration）与汗水（perspiration）的英文恰好是押韵，形成类比。

皇冠问题的定量解法

为了探求皇冠的金、银含量，我们必须利用物体的比重概念。我们定义物体（或物质）密度与纯水密度的比值，叫做该物体的比重（specific gravity）。表 1 就是一些金属的比重数值表。

表1　　　　　　　　　　金属的比重

水	1.00	铁	7.86
金	19.30	铅	11.34
银	10.50	白金	21.37
铜	8.93	水银	13.59

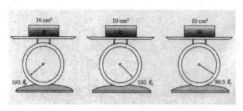
图 5

换言之，同样是 10 立方厘米的金、银、铜，它们的重量分别是 193 克、105 克与 89.3 克（图 5）。

算术解法

今假设测得皇冠的体积为 182 立方厘米，重量为 2879 克。如果皇冠是纯金的，则应该重

$$182 \times 19.3 = 3512.6 \text{ 克}$$

或体积应该是

$$2879 \div 19.3 = 149.2 \text{ 立方厘米}$$

这些都跟实际不符，故知皇冠不是纯金打造的。进一步，若皇冠是纯金的，则重量比实际的皇冠重

$$3512.6 - 2879 = 633.6 \text{ 克}$$

而 1 立方厘米的金比 1 立方厘米的银重

$$19.3 - 10.5 = 8.8 \text{ 克}$$

故对于纯金皇冠，每将 1 立方厘米的金换成 1 立方厘米的银，会减轻 8.8 克的重量。今欲减轻 633.6 克，总共需换

什么不是数学

$$633.6 \div 8.8 = 72 \text{ 立方厘米}$$

因此，实际的皇冠含有 72 立方厘米的银，$182 - 72 = 110$ 立方厘米的金。从而，实际的皇冠所含金、银各有

$$19.3 \times 110 = 2123 \text{ 克}$$
$$10.5 \times 72 = 756 \text{ 克}$$

代数解法

事实上，这就是"鸡兔同笼"问题，我们不妨称之为"金银同冠"问题：有金、银两种怪兽同在一个皇冠之中，总共有 182 只，各有脚 19.3 只与 10.5 只，问金、银怪兽各有几只？

利用代数解法，假设金、银各有 x 立方厘米与 y 立方厘米，则依题意可得联立方程组

$$\begin{cases} x + y = 182 \\ 19.3x + 10.5y = 2879 \end{cases}$$

解得 $x = 110$，$y = 72$。

上述从算术解法到代数解法，正好是反映从小学数学到中学数学的伸展。阿基米德的皇冠问题是一个绝佳的历史名例，结合生活实际、历史、物理与数学，又富趣味性。

浮力原理

物体在流体中（不论浮或沉），会减轻重量，并且所减轻的重量就等于物体所排开的流体之重量。这个原理也称为阿基米德原理。

习题一：假设有一顶皇冠、一块纯金及一块纯银，三者的重量都一样，为 384 克。将它们都浸没到水中，称其重量，发现纯金减少 19 克，纯银减少 28.5 克，皇冠减少 21.25 克。问皇冠中含金、银各多少克？

习题二：有一个容器可浮在水槽的水面上，水槽不大，可以精确地刻画出水槽的水位。假设容器装一顶皇冠后，仍浮在水面上，我们在水槽上刻画出水位线。现在将皇冠取出，沉入水槽中，问相对于原先的水位线，水槽的水位是上升或下降？

阿基米德性质

阿基米德在澡堂中，灵感特别多。他一面洗，一面用手把水泼弄出去，立刻悟到：只要有恒地泼水

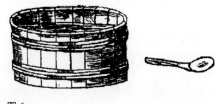

图 6

出去，在有限次之内，一定可以把水泼弄净尽。有恒为成功之本。换言之，不论澡堂的水多么多，用一个小汤匙（不论

多么小），不断地取水，必有干枯之时（图 6）。

改用数学的术语来说就是：

任意给两个实数 $M > 0$ 及 $\varepsilon > 0$（$M > \varepsilon$），必存在一个自然数 n，使得 $n\varepsilon > M$。

这就是实数系所具有的著名的阿基米德性质（Archimedean property）。通常我们在心目中是想象 M 很大，ε 很小，分别代表澡盆的水量与一汤匙的水量。这个原理在高等数学中很重要，它等价于 $\lim\limits_{n \to \infty} \dfrac{1}{n} = 0$（习题）。利用穷尽法（method of exhaustion）求面积与体积时，所根据的原理就是阿基米德性质。

阿基米德性质也可以解释成愚公移山原理：不论山 $M > 0$ 有多大，一铲 $\varepsilon > 0$ 有多小，终究有一天 $n \in N$，山会被愚公挖光 $n\varepsilon > M$。

更可以解释成龟兔赛跑原理：不论兔子在乌龟前方 $M > 0$ 有多远，乌龟的步幅 $\varepsilon > 0$ 有多小，假设兔子睡大觉不动，乌龟终有一天 $n \in N$，会超越兔子 $n\varepsilon > M$（图 7）。

阿基米德性质虽然很直观易明，但是若要证明它的话，却必须用到深刻的实数系完备性。另一方面，利用阿基米德

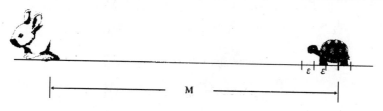

图 7

性质，我们可以证明有理数系 Q 稠密于实数系 R：对于任意两实数 a，$b \in R$，$a < b$，恒存在有理数 $r \in Q$，使得 $a < r < b$（习题）。

　　在公元前 5 世纪，古希腊哲学家芝诺（Zeno）曾提出善跑英雄阿基里斯（Achilles）与乌龟赛跑的悖论（paradox）。他宣称只要让乌龟在阿基里斯前 100 米，开始赛跑，那么阿基里斯永远追不上乌龟。假设阿基里斯的速度是乌龟的 10 倍，则当阿基里斯跑到乌龟的出发点时，乌龟已向前方走了 1 米，按此要领下去，乌龟永远在阿基里斯的前方（图 8）。请你破解这个诡论。

图 8

阿基米德也是设计机械的高手，他擅用杠杆与滑轮的原理设计兵器，抵抗罗马大军攻打西拉库拉城；制造器械让国王赫农独自一个人就把新造好的船推移入

图 9　阿基米德的抽水机

海，使得国王高兴地说："今后不论阿基米德说什么，我都相信。"图 9 的螺旋管抽水机也是他的杰作。他常被后人引用的一句名言是：

给我一个支点，我能撬动整个地球。

阿基米德由洗澡而得到的收获是丰富的。这种由生活经验出发，展开探索、试误（trial and error）、实验与猜测，最后得到发现，这个思考论证过程才是教育应该千锤百炼的核心工作。

数学教育或科学教育，不论是采取启发式、建构式、引导式、苏格拉底式（Socrates method）或摩尔式（Moore method），其目的都是要让学生独立地得到"我发现了"的喜悦经验。

在人类文明史上，阿基米德是公认最伟大的三位数学家之一，另外两位是牛顿（Newton，1642 — 1727）与高斯（Gauss，1777 — 1855）。他们都是以工作的专注（concentration）

与创造的伟大而闻名。其中阿基米德更独特，他强调发明的方法，他是先利用流体静力学与杠杆原理（即机械、物理方法）猜得答案，然后再用逻辑作严格的证明，发现与证明兼顾。

英国数学家哈迪（1877 — 1947）说：

> 阿基米德被后人记得，但是埃斯库罗斯（525 — 450 B. C.，古希腊悲剧诗人）却被遗忘，因为语言会死亡，而数学观念永恒不朽。

当罗马大军在公元前212年攻陷西拉库拉城时，士兵进入民宅，发现一位老人正专注在研究数学。老人对士兵说："不要弄坏我的图形！"士兵愤而杀死老人，据说这位士兵的名字叫做Zero，这就是伟大阿基米德之死（图10），连带着古希腊精神也被杀死了！所谓古希腊精神就是"为真理而真理"，讲究追根究底、论证、美等精神。

罗马人对科学并没有什么贡献，因为他们是一群重视现实利益的人，对知识的追求也只为有用与有利。这种功利的观点与眼界，在今天的社会更加盛行，并且与我们长相左右。英国数学家及哲学家怀特海（1861 — 1947）说得好：

图10　阿基米德之死

阿基米德死在罗马士兵手下，象征着第一阶巨大的世界变化。罗马是一个伟大的民族，但由于死守实用而没有创造。他们不是足够的梦想家，所以无法产生新的观点，以便更根本地掌握自然界的各种力量。没有一个罗马人因为沉迷于几何图形中而丧失生命。

文艺复兴的一个意义就是要恢复古希腊精神。人要亲自找寻真理，检验真理，由此开创出实验与数学相结合的研究方法，导致17世纪的科学革命，汇聚成今日文明的主流。

从长远的历史眼光来看，17世纪以后的科学方法，只是回复到阿基米德而已。因此，阿基米德是一位开山祖师，万古常新！

早夭的天才数学家伽罗华

□ 薛昭雄

1811 年 10 月 25 日，伽罗华（Evariste Galois）诞生于巴黎近郊。他的父亲是一个共和党员，乡村自由党派的领袖，1814 年，路易十八复位后，被任命为该市的市长。他的母亲是一位法律学者的女儿。由于在宗教和古典文学上的良好教养，使她能说一口相当流利的拉丁话。

十二岁以前，伽罗华皆由他的母亲一手教导，因而在古典文学上打下了十分坚实的基础。他过了一段愉快的童年生活。其实在十岁那年，他有个机会可进入 Reims 学院，但是他的母亲宁愿他留在家里。1823 年 10 月他进入路易·勒·格兰皇家公学就学。在他才念第一学期的时候，校内学生大闹学潮并拒绝去礼拜堂唱赞美诗，结果有一百名学生被遭开除。

伽罗华在学校的头两年中表现相当优越，曾获得拉丁文的首奖，但不久他开始厌倦了。他被迫重修三年级的课，但这样更增加了他的厌烦感。也就在这期间，伽罗华开始对数学产生真正的兴趣。有一次，他得到一本勒让德（Legendre）写的《几何原理》，这是一本几何学名著，它与学校里所学的传统欧几里得几何学截然不同。据说他把这书当作一本小说来读，而且只读一遍就深得其精髓。学校的代数课本简直无法与勒让德的名著相比，于是伽罗华转而又研究拉格朗日（Lagrange）和阿贝尔（Abel）的原著。十五岁时，他就研读那些写给数学家看的东西。但这时他的学校成绩仍旧平凡，他几乎已对学校课业完全丧失了兴趣。他的老师们因而都对他没有好的印象，而且讥笑他好高骛远不切实际。

伽罗华在工作时杂乱无章，这也可由他的一些手稿中看出。他总是不断地在脑袋里工作，仅把深思熟虑的成果付之于纸笔。他的老师曾要他写得系统些。但伽罗华却不太理会他的劝告。其后他参加了巴黎工艺学院的入学考试，但事先并无作充分的准备。这次考试若能通过，无疑是他将来成功的最佳保证。因为巴黎工艺学院是法国数学家培育的温床。而不幸他却失败了。二十年后，《数学新年鉴》的主编泰尔凯对这件事做了一些解释："一个才智卓越的考生败在才智平庸的主考官手上。因为他们不能了解天才，反而视之为异

早天的天才数学家伽罗华

乡人……"

1828 年，伽罗华进入巴黎高等师范学校且加入理查德指导的数学高级班。这位老师对他十分赞赏，认为他根本不必经由考试就该获准进入工艺学院的。1829 年，他发表了第一篇论文《论函数的连续性》（On Continuous Fractions），虽然这篇论文已显示他的能力，却尚未表现出他的天分。这时候，伽罗华在多项式理论中又有了重大的发现，并且向科学学会提出一些他的成果。当时的评审员是柯西（Cauchy）。柯西已经发表过一些论文，是讨论到变数变换时，函数变动的研究，此亦即是伽罗华理论的中心主题。柯西拒绝了这份研究报告。8 天以后，伽罗华提出的另一份报告亦遭同样的命运，而这些原稿就此失落，未曾再被人看到过。

同年，又发生了两件不幸的事。伽罗华的父亲因与乡村牧师起了一场剧烈的政治争执而于 7 月 2 日自杀身死。几天以后，伽罗华再度参加工艺学院的入学考试——这是他的最后机会了。传说他在考试时曾大发脾气，把板擦丢在主考官的脸上。但是据说，这传说并非属实。事实上，主考官要求伽罗华略述"算术对数"（arithmetical logarithms）的理论，但伽罗华答复他根本没有"算术对数"，于是主考官叫他落了榜。

1830 年 2 月，伽罗华向科学学会提出他的研究，以期争取数学最高奖——这是数学界最高的荣誉。他这篇论文其后被评判远超那份奖品的价值。原稿经由秘书傅立叶（Fourier）带回细读，但在未及读完之前他却去世了。而此原稿在他的文稿中并未找到。据杜佩说，伽罗华认为他的论文一再的失落，并非仅出自机缘，而是社会所造成的必然结果；在这个庸才充斥的社会中，真理永远被否定，而天才亦永远招致非议。

1824 年，查理十世继承路易十八为国王。1827 年，反对政府的自由主义派人士占获选举的优势。到了 1830 年，他们即已获得绝大多数的选票。查理十世面临被迫退位的局面，企图发起一次政变。于是在 7 月 25 日发布了众所不满的法令，欲剥夺人民言论与出版的自由。全国人民在忍无可忍之下，群起反叛。叛乱持续了三天，双方达成协议由奥尔良的公爵路易·菲利浦做国王。在这三天期间，当巴黎工艺学院的学生正在大街小巷热衷于叛变之际，伽罗华和同学们却被校长关在校内。伽罗华为此十分愤怒，结果写了一封污辱性的信攻击他，登在一份杂志上，并且签上自己的大名。虽然主编已删除了他的签名，而伽罗华仍为了此"匿名"信被开除。

1831 年 1 月，伽罗华初次开始尝试做私人数学教师，教授高等代数学，教得相当成功。1 月 17 日他再度寄了一篇研究报告给科学学会，提出关于多项式能以根式求解的条件。当时柯西已离开巴黎，而泊松（Poisson）和拉库瓦（Lacroix）被任命为评审委员。过了两个月，伽罗华仍未获任何回音，于是他写信给科学学会的会长，询问究竟是怎么回事，但又是石沉大海。

后来，他加入了"国民军"的炮兵队，这是一个拥护共和的组织，没多久这些军官们皆冠以谋判的罪名被逮捕，但陪审团宣判他们无罪。炮兵队继遭国王下令解散。5月9日，反政府人士举行了一次集会，集会进行得愈来愈热烈，当与会人士情绪达巅峰之际，伽罗华手中握着一把闪亮的刀，建议为路易·菲利浦干一杯。他的同伴们将此解释为对国王性命的威胁。最后，他们在街上又跳又叫地结束了集会。第二天，伽罗华即遭逮捕。审判时他承认了一切，但是声明他提议干杯时，实际上高喊的是"为路易·菲利浦干一杯，若他变成卖国贼"！只是喧嚣声淹没了后半句而已。陪审团最后宣告他无罪，而于6月15日重获自由。

7月14日，伽罗华身穿已被解散的炮兵队制服，带着刀枪，走在共和党示威队伍的最前锋。于是他又被拘捕，以非法穿着制服的罪名，被判在圣·佩拉吉监狱中服刑六个月。在狱中，他着手做了些数学的研究工作，然后在1831年霍乱猖獗期间，被送往医院，不久即获准假释。

重获自由后，他认识了一位叫斯蒂芬妮的女孩子（她的姓名已不可考）。这是他一生中唯一的恋爱。她的名字出现在伽罗华的一篇手稿中，但是被橡皮擦擦过。这段爱情插曲带了不少神秘的色彩，在以后的许多事件上影响至巨。由信件的片断显示，伽罗华被她拒绝后几乎无法承受这个打击。没过多久，他接到决斗的挑战，表面上是因为那女孩子的关系，而这件事着实令人费解。有一派说法是认为这整个事件的目的是他的对方要铲除一个政治敌手，而这女孩子只不过是用来捏造一个"荣誉事件"的口实而已。但据警方的报告引证，另一个决斗者也是个共和党员，可能是伽罗华的一个革命同志，而这场决斗的情节就恰如表面所见的那么简单。事实究竟如何，至今仍是个谜。

5月29日，也就是决斗前夕，他写了一封信给他的朋友奥古斯特·雪佛兰（Auguste Chevalier），略述他在数学上的发现，后来被雪佛兰发表在《百科期刊》（*Revue Encyclopedique*）中。在信中他描述了群和多项式之间的关联，说明一方程式若其群为可解，则此式可由根式解之；他同时也提到许多其他的概念，有关椭圆函数和代数函数的积分，还有其他许多未经言明，令人无法确认之处。这整封信真是布满了悲愤，甚至在其边缘还附了一行潦草的字："我没有时间了"！

这是一场相距二十五步的手枪决斗。伽罗华腹部中弹，而于一天后，在5月31日，因腹膜炎去世。去世前，他拒绝了牧师的死前祷告。1832年6月2日被葬于公墓的普通壕沟里，死时年方21岁。

破解费马最后定理

☐ 林秋华

是怎样的一种热情，让一个 10 岁的男孩决定献身给数学？数学一定有令他着迷的地方，就像所有的艺术一样，数学不只是一门科学，它更是一种艺术，许多的数学家都无形中透露了数学的魅力，就像安德鲁·怀尔斯（Andrew Wiles，图 11）对费马最后定理的坚持一样，在他 10 岁时，他只是看懂什么是费马最后定理，但他决定从此献身给数学。这个三百多年来困扰着所有数学家的定理，其实它只是一个很浅显易懂的定理——毕氏定理的延伸，却让三百多年来的所有数学家都束手无策。本书中详细地介绍了费马最后定理的来龙去脉：本来学数学和没学数学的人是生活在不同的世界的，但是本书作者却用最简单的文字让这世界所有人都知道费马最后定理是怎样的一个传奇故事，它激发起了更多数学家的热心，也让不懂数学的人更了解数学是一门怎样让人着迷的学问。

图 11　安德鲁·怀尔斯

毕氏定理可说是数学上最伟大的发现之一，毕氏定理是由毕达哥拉斯所发现的，是个很漂亮的定理，它说明了任何直角三角形的边长都有两直角边平方的和等于斜边平方。也就是 $x^2 + y^2 = z^2$ 有整数解。在毕达哥拉斯那个时代，数学是等于哲学的，毕达哥拉斯更说："万物皆是数。"但他们所认为的数只有整数和某些分数，他们并不认识所谓的无理数。很不幸的，第一个无理数就是由毕氏定理发现的，当一个直角三角形的两直角边为 1时，这时候斜边的边长就是 2 的开方了。但 2 并无法开方。在当时，毕达哥拉斯当然不愿去承认这个数来破坏他建立的世界，所以毕达哥拉斯处理 2 开方的做法就是将发现 2 开方的那个人处死，这是毕达哥拉斯一生最大的羞辱。但毕达哥拉斯对数学的贡献仍是不可抹灭的。当然他也不会想到几千年后，一个叫费马（Pierre de Fermat，图 12）的业余数学家会对他的毕氏定理特别有兴趣，而更因此将数学带到一个更

图 12　费马

高的境界。

费马虽然只是一个业余数学家，但是他对数字特别敏感，在数学上的贡献也不输给别的数学家。曾经有人编写过业余数学家的数学史事，却没将费马编列，因为他认为费马是如此的杰出，已经可以称得上是专业数学家了。当年，费马读到毕氏定理时，他便想如果将平方再往上一格变立方，那还会有解吗？他更进一步地想，当 $x^n + y^n = z^n$，$n \geq 3$ 时，会有整数解吗？这是个很迷人的问题，因为它是如此的单纯，每个人都可以了解题目的意义，但是它又是如此的困难，因为它牵涉整数的无穷量，而且它真的没有整数解。在当时，费马便在他研读的书中写下"我有一个对这个命题十分美妙的证明，但是因为这里空白太小了，我无法写下"。

很可惜的是在费马死后，我们找遍了他的札记也找不到这个美妙证明。费马像是跟所有专业数学家开了一个玩笑，他竟留下一个他认为已经可以证明的猜想，而三百多年来竟没有一个专业数学家能解决它。这就是费马，他不习惯去研究证明中的每个小细节，他总是能观察到数学，为了他能继

续研究他所热爱的数学，他将
证明这种繁琐工作交给别人。
而这一次他所留下的竟是这
样的一个大问题，也因此引起
了许多数学家的兴趣，后来的
几个大数学家都曾尝试去证
明费马最后定理，但都告失
败。这也不是没有好处，因为
如此数论得到了很好的进展。
当中还发生了一些有趣的小

图 13 沃尔夫凯勒

故事。例如，沃尔夫凯勒（Paul Wolfskehl，图 13）并不是
什么伟大的数学家，但他却和费马最后定理有着不可割舍的
关系。话说当时沃尔夫凯勒正迷恋着一位女性，很遗憾的是
他被拒绝了，想不开的他决定要自杀，而且很谨慎地计划他
的死亡，最后他决定了自杀的日子，并打算在午夜时开枪射
击自己的头部。沃尔夫凯勒是如此谨慎小心的人，以至于自
杀当天他提前在午夜就将所有的事情都弄好了。为了消磨这
段时间，他到图书馆看数学古籍，就这样他被一系列有关费
马最后定理的东西给迷住了，甚至他认为他找到了库莫尔在
解释柯西和拉梅失败的原因上的一个漏洞。沃尔夫凯勒是如
此的专心，以至于他错过了他自杀的时间。直到黎明，沃尔
夫凯勒才完成他的工作，他补起了库莫尔的漏洞，但是费马
最后定理依旧不可解。数学重新唤起了沃尔夫凯勒的生命欲

望,就这样沃尔夫凯勒改写了他的遗嘱,他决定将他财产中的十万马克当做一个奖,给任何能证明费马最后定理的人。这个诱惑是如此的大,一下子许多不是数学家的人都投入费马最后定理的工作。这可能是费马最后定理最有意义的地方,因为它救活了一个人,也因此费马最后定理的身价大为提高。

其实近三百多年,关于费马最后定理的传说很多,处处都说明它的困难性,或许我们会不断想知道当初费马那个美妙证明到底是如何证明的,竟让三百多年来的许多数学家都束手无策。当年费马懂的并没有今日的我们多,他是如何看出当 $x^n + y^n = z^n$,$n \geqq 3$ 时,没有整数解的呢?对于这样的一个数学怪杰,除非他活过来,不然我们永远也不会知道那个证明有多美妙!

安德鲁·怀尔斯,在 1993 年公开表示他已经证明费马最后定理了。这是让许多数学家很兴奋的一件事,这个数学家几乎要放弃了的猜想,终于有人要终止它了。没错,安德鲁·怀尔斯就是那个当年只有十岁就立志要献身给数学的小孩。安德鲁·怀尔斯迈向数学家的过程并不难,但是研究费马最后定理的确让安德鲁·怀尔斯吃足了苦头。为了能专心研究,安德鲁·怀尔斯有长达七年的时间不参加任何跟费马最后定理无关的研讨会或餐会,当时他已经有了一些年纪了,在数学界,研究是属于年轻人的事,而老年人则适合写书和教书。而所谓的老年人指的是二十五岁以后的数学家。

数学家的数学寿命是很短暂的，所以当年已经二十五岁的安德鲁·怀尔斯开始不参加数学研讨会，也没多少人觉得有异样。就这样，安德鲁·怀尔斯可以安心地做他的研究工作，只要跟费马最后定理有关的东西，他都拿来研读，直到自己能灵活运用为止。他是这么的坚持，但他也会害怕，怕自己做的原来就是个错的东西。数学就是这样，在还不能证明它之前，什么都是冒险的。只有完完整整的证明它，我们才可能予以它存在。这也是跟其他学科很大的不同点，数学不会像物理一般，不断地被推翻，物理现象在不断地发现过程中，会发现过去承认的东西有时是错的。数学不会，虽然我们不能证明，但我们相信。其实数学上也曾经发生过许多的争议，如非欧几何和欧氏几何的不相容，但这都无伤整个数学的发展。安德鲁·怀尔斯在研究费马最后定理时，偶尔报上也会出现有关费马最后定理的报道，总是令安德鲁·怀尔斯紧张一下。但是还好，在 1993 年，安德鲁·怀尔斯还是站上了讲台，向台下来自世界各地两百个数学家讲解费马最后定理的证明。听说当时，只有四分之一的人还知道安德鲁·怀尔斯到底说些什么。这的确是很大的一个挑战，安德鲁·怀尔斯完成了数学上最难的难题。但安德鲁·怀尔斯也不是一次就完成费马最后定理的，那次讲解后，还出现了一些争议，幸好最后还是给解决了。这也是安德鲁·怀尔斯成功的地方，从来没人能在给出证明后，还能补救自己证明的缺陷。

是的，费马最后定理解决了，只是一个 17 世纪的问题
我们用 20 世纪的方法解决。有人说费马当年的那个美妙证
明一定还是有缺陷，只是费马自己没能完整写出来；也或许
费马已经发现他的证明有缺陷，所以他没留下任何关于这个
定理的证明。且不管如何，20 世纪的安德鲁·怀尔斯确实
解决它了，但能了解证明过程的却只是少数。数学耐人寻味
的地方就在这里，一个谁都懂的定理，却要花上所有数学家
三百多年的时间。反而有时候看似很难的东西，用数学一下
子就解出来了。也难怪有人研究数学可以到废寝忘食的地
步。同样的，对数学不感兴趣的人，就是觉得数学只是一些
强词夺理。曾经有人就问，我们是因为知道 1，2，3……所
以才有所谓的 x^n，如果我们的世界只是 0 和 1，那是不是 x^n
永远不可能出现？也有人质疑，我们到底是硬造出数学来符
合一些我们要的东西？还是数学本来就存在，我们只是把它
条理化，让它更易懂？毕竟对不懂数学的人而言，微积分像
是天书一般难。

数学界的诺贝尔奖

□康明昌

　　诺贝尔奖为什么没有包括数学这一学科？对于这个问题有不少揣测。例如，有人说，诺贝尔（A. B. Nobel，1833 — 1896）与当时斯德哥尔摩大学的数学教授米塔格·莱弗勒（M. G. Mittag-Leffler，1846 — 1927）有嫌隙，诺贝尔不想设个诺贝尔数学奖的目的正是要防止米塔格·莱弗勒得奖。尽管这类揣测都经不起事实的考验，它们仍然是茶余酒后大家喜欢谈论的话题。

菲尔兹与奈望林纳

　　可是在数学家之间，也有一个像诺贝尔奖那么崇高的奖，那就是菲尔兹奖（Fields medals）与奈望林纳奖（Nevanlinna prize）。

菲尔兹奖是根据加拿大多伦多大学教授菲尔兹（J. C. Fields，1863 — 1932）的遗嘱与捐赠成立的。它的全名是"国际数学杰出成就奖"（The International Medals for Outstanding Discoveries in Mathematics）。自 1936 年首次颁奖，然后因第二次世界大战而停止了 16 年，自 1950 年起，每四年召开一次国际数学家会议，每次颁授两到四位菲尔兹奖的得主。菲尔兹奖授予对当代数学有杰出贡献者，以鼓励他们继续完成更伟大的科学研究。虽然没有明文规定，菲尔兹奖得主的年龄一向不超过 40 岁。到目前为止，共有 53 位菲尔兹奖的得主，其中只有华人两位：邱成桐与陶哲轩。

奈望林纳奖由芬兰赫尔辛基大学提供基金，为纪念芬兰数学家奈望林纳（R. Nevanlinna，1895 — 1980）设立的。奈望林纳奖的目的是奖励在信息科学的数学理论有杰出贡献的学者。到目前为止，共有 7 位奈望林纳奖的得主。

菲尔兹是加拿大人，1887 年在美国约翰·霍普金斯大学获得博士学位。1902 年起任教于加拿大多伦多大学，他是 1924 年国际数学家会议在加拿大多伦多举行时的大会主席。菲尔兹本人的数学研究相当优异，他曾被选为英国皇家学会的会员，但是现在人们还记得他的原因恐怕是由于他设立的这个数学大奖。

奈望林纳是当代杰出的复变函数论学者。他在 1920 年代建立亚纯函数的值分布理论。奈望林纳的理论后来被推广到多复变函数与算术几何，是 20 世纪 90 年代颇受瞩目的一支数学理论。第一届菲尔兹奖得主之一阿尔福斯是奈望林纳的学生。

1990 年的菲尔兹奖

1990 年的国际数学家会议，于 8 月 21 至 29 日在日本京都举行。

京都是日本的古都（794 — 1868），794 年桓武天皇把国都自奈良迁来京都，并仿照当时唐朝的长安建造京都的城门与街道。这是一个保留许多日本传统文化的城市，日本文学家川端康成的小说《古都》与谷崎润一郎的小说《细雪》，都以京都为背景（图 14）。

这次京都的国际数学家会议诞生了 4 位菲尔兹奖的得主：森重文（S. Mori）、德里费尔德（V. G. Drinfeld）、沃恩（V. F. R. Jones）与威腾（E. Witten）。在 18—19 世纪数学家与物理学家一直是密切合作的朋友，可是 20 世纪的

图 14　京都的传统街道

数学与物理似乎变成互不往来的两个世界，这种分离的局面看样子快结束了。在这次菲尔兹奖的得主，除了森重文之外，其余三人的研究领域和数学物理都有密切的联系。在另一方面，计算机科学对数学的影响似乎不如物理，在 1986 年伯克利的国际数学家会议，曾有记者问起四位得奖人（菲尔兹奖的唐纳森、法尔廷斯、弗里德曼瓦伦特与奈望林纳奖的瓦伦特），计算机的出现对他们的研究工作有何影响？三个菲尔兹奖得主回答："毫无用处"，研究信息科学理论的瓦伦特居然承认，他也不用计算机。

森重文

森重文（图 15），1951 年生于日本名古屋。1969 年因东京大学闹学潮停收新生，乃投考京都大学，1978 年获得京都大学博士学位，指导教授为永田正好（H. Nagata），博士论文是与三维代数簇的猜

图 15　森重文

测有关的问题。森重文曾任教名古屋大学、美国哥伦比亚大学、犹他大学，现在是京都大学数理解析研究所教授。森重文年得奖无数，1990 年初获得美国数学会代数的大奖 Cole 奖，其后与学习院大学的饭高茂（S. Iitaka）、东京大学的川又雄二郎（Y. Kawamata）共同得到日本科学院奖。8 月份

又获得到菲尔兹奖，许多人并不感意外。

森重文的工作集中在代数几何，尤其是三维代数簇的极小模型。在一维簇时，亏格便足以分类平滑的射影曲线，这是 19 世纪数学家熟知的。二维代数簇的分类工作就难得多了，这工作基本上是 20 世纪前二十年由意大利数学家恩里克（1871 — 1946）完成的，1960 年前后扎里斯基与小平邦彦做了一些推广。可以说，从 1920—1970 年几乎没有人知道三维簇的分类该从何处着手。森重文的成就差不多是划时代的工作，他证明三维极小模型的存在定理，并且建立高维簇极小模型的理论。

沃恩

沃恩（图16），1952 年生于新西兰，1979 年获得瑞士日内瓦大学博士学位，指导教授为 A. 海富里热。他曾任教于美国宾夕法尼亚大学，现在是加州大学伯克利校区的教授。

图16　沃恩

沃恩的研究主题最先是α代数。他在不可分解的冯·诺依曼代数的子代数中引入指标的概念，他发现当指标小于 4 时，它只可能是 4cos2 (π/η) (η≥3)。这些数引出研究代数时无所不在的考克斯特—丁金

（Coxeter Dynkin）图表，从此开展了冯·诺依曼代数研究的里程碑：他研究辫群与 Hecke 代数的关系，因而发现沃恩多项式。沃恩多项式现在变成拓扑学家研究纽结理论的重要工具，在另一方面，它与陈—西蒙斯定律形式（Chern 指陈省身先生）、共形场论、拓扑场论也具有相当密切的关系。

德里费尔德

德里费尔德（图 17）是前苏联人，1954 年生，曾任职于前苏联科学院乌克兰分院的低温物理与工程研究所。

德里费尔德的研究领域跨代数数论与数学物理两个分支。在 20 世纪初许多人早已发现代数数论与大域函数体有许多类似的性质，但是却无人知道如何具体的呈现这些相似点，德里费尔德在他的博士论文引入德里费尔德模的概念，使得大域函数体也能够像代数数体一样运用分析的工具从事研究。此外，德里费尔德又证明有名的朗兰猜测的几个特例。在数学物理方面，他的成就也极为杰出，尤其在量子群。德里费尔德曾研究 N 瞬息子解的结构，将孤立子方程系统化，并解决古典的杨—巴克斯特方程（杨指杨振宁先生）解的分类问题。

图 17　德里费尔德

威腾

威腾（图 18）1951 年生于美国，1976 年获得美国普林斯顿大学物理博士学位，博士论文是与粒子物理现象学有关的。威腾在 1976 — 1980 年到哈佛大学从事博士后研究，这时已展现他在量子场论超人的想象与理解力，因此，普林斯顿大学于 1980 年聘请他回去担任物理系教授，后来一直是普林斯顿高等研究院的教授。威腾的父亲也是个物理学家，在美国辛辛那提大学任教，研究重点是古典重力理论。

1980 年代初期理论物理的一个主要研究方向是超对称。威腾首先用阿蒂亚—塞伯格（Atiyah-Singer）指标定理研究超对称的自发失称，其后他的研究重点集中在超弦理论。他利用超对称的概念探讨各种数学问题，对于许多有名的数学定理，如阿蒂亚—塞伯格指标定理、莫尔斯不等式、丘成桐与孙理察（Shoen）的正质量定理、唐纳森多项式、沃恩多项式，威腾都有新的观点或证明。就像 19 世纪德国数学家黎曼（B. Riemann，1826 — 1866）运用丰富的物理直觉，研究复变函数论，威腾的工作使数学和物理重新搭起一座

图 18　威腾

桥梁，并且它描绘出一个许多人未曾梦想过的世界，谁敢说那不是下一代数学家探索的新方向之一呢？

亚洲菲尔兹奖得主

得过菲尔兹奖的亚洲人只有 5 位：小平邦彦（1954 年）、广中平祐（1970 年）、丘成桐（1983 年）、森重文（1990 年），陶哲轩（2006 年）。

小平邦彦

小平邦彦（图 19），1915 年生于东京，他在东京帝大念数学（1938 年）与理论物理（1941 年），取得两个学士学位，1949 年东京大学博士，他的博士论文讨论黎曼流形的调和形式。他从 1944 年担任东京大学数学系助理教授，1949年之后陆续在美国普林斯顿高级研究所、普林斯顿大学、哈佛大学、约翰霍浦金斯大学、斯坦福大学任教，直到 1967年才回到东京大学任教。小平邦彦在 1957 年获颁日本科学院奖与日本文化界的最高荣誉"文化勋章"，1965 年入选为日本科学院院士。

图.19 小平邦彦

小平邦彦的主要工作集中在代数几何与复流形，他在黎曼—罗赫定理、复流形的变形理论、代数曲面与解析曲面的分类与结构，都有非常重要而且深远的贡献。

广中平祐

广中平祐（图20），1931年生于日本山口县，毕业于日本京都大学（理学学士，1954年；理学硕士，1957年）。1957年代数几何大师扎里斯基（1899—1986年）赴日讲学，广中平祐经由京都大学秋月康夫教授（Y. Akizuki）的介绍，乃随扎里斯基到美国哈佛大学

图20　广中平祐

就读，1960年获博士学位。1964年广中平祐成功的解决古典域中奇异点集的化解问题。广中平祐自1968年任教于哈佛大学，1970年获得日本科学院奖，1975年日本政府赠予"文化勋章"，1976年入选为日本科学院院士。

奇点消解问题是代数几何与复几何的大问题。由于这问题难度太高，研究此问题的数学家并不多，但是其重要性却是大家深信不疑的。广中平祐从毕业后即全力研究奇点消解问题，其放手一搏的胆识与毅力实在值得后辈景仰师法。

丘成桐

丘成桐（图 21），1949 年生于广东汕头市。后随家人移居香港，就读于香港中文大学，其后到美国加州大学伯克利分校受业于当代微分几何大师陈省身先生，1971 年获得博士学位。1981 年获得美国数学会几何的大奖维布伦奖，1986 年当选高等研究院院士。

图 21　丘成桐

丘成桐曾任教于纽约州立大学石溪分校、斯坦福大学、普林斯顿高等研究院、加州大学圣迭戈分校、哈佛大学等。

丘成桐成功地把微分几何与偏微分方程的技巧与理论结合在一起，他解决许多有名的猜想，在偏微分方程、微分几何、复几何、代数几何以及广义相对论，都有永不磨灭的贡献。

陶哲轩

陶哲轩（图 22），1975 年 7 月 15 日出生在澳大利亚阿得雷德。陶哲轩两岁的时候，父母就发现这个孩子对数字非常着迷，还试图教别的孩子用数字积木进行计算。三岁半时，早慧的陶哲轩被父母送进一所私立小学。然而，研究天才教育的新南威尔士大学教授米那卡·格罗斯（Miraca Gross）在陶哲轩 11 岁时出版的一篇论文中写道，陶哲轩的智力明显超过班上其他孩子，但他不知道怎么与那些比自己大两岁的孩子相处，而学校的老师面对这种状况也束手无策。13岁时成为国际奥林匹克数学金牌得主。20 岁获得普林斯顿大学博士学位。24 岁成为加利福

图22　陶哲轩

尼亚大学洛杉矶分校有史以来最年轻的正教授。2006 年，31岁时获得被誉为数学界诺贝尔奖的"菲尔兹"奖。目前已发表超过 230 篇学术论文。现任教于美国加州大学洛杉矶分校（UCLA）数学系，澳大利亚唯一荣获数学最高荣誉"菲尔兹奖"的澳籍华人数学教授。

　　他的兴趣横跨多个数学领域，包括调和分析、非线性偏微分方程和组合论，他的杰出研究成果已经对数学许多领域产生了巨大影响。

数学与大自然的对话

□ 陈锦辉

人类使用语言互相沟通，电脑则只接受 0 与 1，而科学家与大自然之间，则是借数学语言来沟通。

可惜有些人认为，假如只为了探讨自然，而非为数学而数学，只需要在特定情况下，找出对应的数学定理即可，却不管数学证明与精确的表达方式。因此，数学能力不良就像用外语跟别人交谈，常常发生误解，用错字句。难怪自然的传译者，时常会错了大自然的本意。

实质模型与数学模型的异同

在现实世界中量度距离，不见得每次相同。同一模具做出来的东西，也会有公差。但在数学世界里，两点距离永远一样；而在几何图形中，也没有所谓公差。由于数学不是以大自然为主要研究对象，它只是一连串假设和逻辑的推导，研究那些仅存在于思想中的东西，所以它不算是一门自然科学。行星运转的模型，是一个实质的模型，而非数学模型。

举个例子：实质模型相同，但因所用仪器不同，则会得出不同的结果。若用相同的材质，去做一台为某仪器两倍大的仪器，则此两台仪器的观察结果就有些不同。

数学研究的东西存在吗

要是没有数学家，"素数"也存在吗？当我们想它时，它就存在脑里，但当无人想它们时，则什么也不存在。如果在黑板写上 763306，这数字存在吗？这像在黑板上画一头怪兽，其实它并不存在；同理，"数"可以谈论或书写，事实上却不存在。

几何形状存在吗？我们看到的是杯子本身，还是杯子的形状呢？我们不能把杯子从它的形状分离，杯子的形状离开了杯子就不存在。

既然数学是研究不存在的东西，为什么大家都用相同的概念呢

理论上，我们能随心所欲地定义新概念，就像一位船长爱怎么开船，便怎么开，但他决不会坐一艘不耐风雨的船出

海。船长们彼此交换经验，采用同样稳当的船。所以，那些同时代，而又能互相沟通的数学家，都采用相同的概念。

研究不存在的东西，却可得出真理？难道从不存在的事物比从来存在的事物可以得到更准确的知识

小孩要懂得怎样数石头、棒棒糖，"4 颗石加 3 颗等于 7 颗石"、"4 粒糖加 3 粒为 7 粒糖"，才明白"4 + 3 = 7"。先要看过皮球，才会有球体的观念。数学就是这样由具体而抽象，慢慢建立起来的。因此，数学留有大自然的婴儿烙印，就像孩子肖似父母。

亚当斯（Adams）与勒烈维（Leverrier）几乎同时宣告：天王星的运动是受另一不明行星的影响，于是各自写信到不同的天文台，请他们循特定的方位去寻找这颗新星。其中一天文台不相信单靠纸和笔，就能预知那儿有新星，结果由另一天文台顺利找到了海王星。

倘若可以看到物体的本身，为何还要研究它的图像

我们可以摸到岩石的粗糙表面，但摸不到它在水中的倒影，只能摸到冰凉的水。但倒影是岩石的一个传真图像，突出和隆起也可在水中看到，虽然一些小地方不能反映，但大体上轮廓却都保留着；数学世界犹如水中倒影，正是我们生活世界的图像。

地图上只载有最重要的东西，目的不同，所用地图也不

同。在处理问题时，如能把次要的细节搁到一旁，事情就更简单清楚了。

况且，在现实事物之外，再创造一般的观念，把它们从原物体分离之后，一下就得出许多知识，适用于各式各样的事物。同一模型，又可应用到与实际完全不同的情况中。假使公理的陈述够周详完整，则在推理时，则根本不需要知道这些话的意义，就可以用同样的语言，推出新结论。假如结论与事实有出入，则表示在建立模型时，遗漏了重要的东西。就像同一条方程式，可表示力学、电路，甚至航空上的某种情况，实际上以电路模型做实验求解，远比建立真实的航空模型，来得经济实惠。

为什么同一事实会使用不同的模型

有时必须懂得证明，才能了解数学或自然的定理，甚至看了第二个完全不同的证明才能真懂。正如物理概念一样，假如有两种理论，构想完全不同，却有完全相同的结论，通常可以由数学证明甲、乙相通。但科学却无法办到，因两者都与实验有相同程度的符合，例如力矩原理，乃能量守恒的一种表达方式。

一种情况的几种说法，在科学上是完全等效的，但心理效果却不同。首先，因个人从小所受的训练，会比较喜欢某一种，但当你在猜想新定律时，在心理上他们完全不同，会带给你非常不同的想法。"自然"惊人的特性之一，就是有许许多多可能的解释。

有时对甲理论需作一些很自然的小修改，对乙理论则需要作相当大的修改，且根本一点都不自然。理论与结果不相符时，我们可以不断补充，并修改出各种奇怪的规则及假设来解释，但为了挽救一个被实验推翻的假设，而对它东挖西补，弄得面目全非，这儿刚缝上，那儿又被扯破，再补下去并不值得。

即使在理论中极小的改变，可能导致它的哲学背景或构想有巨大改变，例如牛顿力学对水星运动预测的一点点差距，就引出了广义相对论。你不能把一个完美的理论，修改成不完美，于是只好去建立另一"完美"的理论。总之，哲学背景也许可能使你猜想时有所偏见，但亦可能帮助你猜想，这是很难说的。

如何挑选模型

一种情况，往往有几个数学模型可供选择，既要挑一个合适的（不可能十全十美），最好也不太复杂。妥切与简单，往往互相矛盾，所以要权衡利害，排除次要的东西。例如万有引力定律公式简单（并非说作用简单），却是近似的。爱因斯坦把它修正后，仍未考虑量子化，所以应依不同程度与不同目的，来使用不同模型。即使是使用最粗糙的数学模型，也会为我们带来更深一层的了解。

详尽的物理定律，与实际现象往往有很大的距离。例如在远处看冰河运动，不一定要记得冰块是由许多小六角形的结晶体合成的，要由冰结晶推到冰河运动，还需要走好长好长的路。费曼（Feynman）曾说过："自然似乎把真实世界中最重要的一些性质，设计成复杂而偶然的结果……有时候，也许会发觉原理已经太多了，在建立模型时不能全部采纳，因为它们是互相矛盾的。如何构想哪些要保存？哪些要丢掉呢？其实，也许只靠运气，不过看来很需要技巧。"

近代物理定律，看起来越来越不合理，越来越不像直觉，模型也就越来越抽象。电子、光子到底是粒子还是波？它们的行为和我们见过的任何东西都不一样。电子透过双缝形成绕射图案，你无法预测电子会由哪一个小孔出来。所以，以前有人说："任何科学都必须在相同条件下，产生相同的结果。"这句话现在已经过时了。

幸好我们认识新事物，不一定要依靠类比。曾经看过飞鸟的人，固然有助于向他解释飞机；但未看过飞鸟的，并不是说一定不能了解飞机，当然这就得靠数学了。

来自花剌子模的人

□ 朱建正

　　长久以来，我一直觉得计算机科学主要是算法的研究。我的同事并不完全同意我的看法。其实我们意见不同的地方，是我对算法的定义比他们的要广泛得多：我认为算法的概念涵盖所有有关意义明确的过程的处理，包括操作的资料结构，以及一连串执行中的运算结构。然而有些人认为算法只是特殊问题的各种解法，类似数学的各个定理。

　　在美国，我们所做的事叫做计算机科学，强调算法是由机器来执行的。但是在德国或法国，这一门叫做 Informatik 或 Informatique（信息学），强调算法处理的东西甚于过程本身。俄罗斯人叫做 Kibernetike（即 Cybernetics），强调过程的控制，或叫做 Priklanafa Matematika（应用数学），强调它的实用性以及它和数学的关系。我猜想我们的学科的名字不太重要，因为不管它叫做什么，我们都会研究下去。毕竟，其他学科如数学或化学不再和它们名字的起源有非常紧要的关系。但是如果我有机会对这门学问的名称再做一次选择，我会叫它做算法（algorithmics），这是由特劳伯（J. F. Traub）造出的名字。

自从我知道运算法则源自花剌子模人 al-Khωârizmi（阿尔·花剌子模；在本文中，为简便之故，称为阿尔花）。以后，多年来我一直想到这儿来拜访。他是 9 世纪伟大的科学家，他名字的意思是"来自花剌子模的"。西班牙字 gurismo（十进位数）也源自于此。不像许多西方学者所想的，花剌子模不仅只是一个著名的城市（Khiva，在苏俄的乌兹别克境内），而是一个相当大的地区。事实上，有一段时期咸海（Aral Sea，在里海之东）称为花剌子模湖。7 世纪，此一地区改宗伊斯兰教时，文化相当发达，有文字及历法。按美国国会图书馆的目录卡，阿尔花的活跃时期为 813 至 846 年。

有关阿尔花的生平所知甚少，他的阿拉伯全名可以说是具体而微的自我介绍：Abu Ja'far Muhammad ibn Mûsâ al-Khwâârizl，意思是"穆罕默德，Jafar 的父亲，摩西的儿子，花剌子模人"。但是，名字不能证明他确实在那儿出生的，也许他的祖先是。但我们确实知道他的科学工作是在巴格达做的。他是伊斯兰教哈里发（caliph）阿尔马门（al-Ma' mûn）设立的"集贤馆"中的科学家之一。阿尔马门承袭了那位天方夜谭中的哈里发哈伦·拉希德（Harûn al-Rashîd）的基础，支持科学研究，邀请许多学者到其宫中，收集并扩充人间的智慧。历史学家塔巴里把库特鲁伯利（al-Qutru-bbullc）加到阿尔花的名字上，肯定了他和巴格达附近的库特鲁伯利区域的关系。我个人猜测，阿尔花可能生于花剌子模，在被召到巴格达以后，即定居于库特鲁伯利（Qutrubbull），但真相可能永远无法知晓。

阿尔花的工作对后世的巨大影响是毋庸置疑的。根据一本古代名人录与书目说："他在世及死后，人们习于依赖他的数表。"他写得好几本书已经遗失，包括一本纪年体的历史，及一些日晷与占星图的研究。但是他编的世界地图仍存，其中有城市、山脉、河流和海岸的坐标，这是那个时候最完整、最正确的地图。他也写了一小本关于犹太历的书。他编得很周详的天文表被广泛使用了数百年（当然，没有十全十美的人。有些现代学者认为，以当时的水准而言，这些表还可以再改进）。

阿尔花的最重要著作差不多可以说是关于代数和算术的教科书。显然这是第一本用阿拉伯文讨论这些题材的书。他的代数书尤其著名。事实上，本书的阿拉伯文手稿至少还有三本留传至今，而在《群书类述》中提到的其他作者写的书，99%则已消失。12世纪时，阿尔花的代数至少两次被译成拉丁文，这说明欧洲人的代数是怎么学来的。是从这本书的一部分标题得来的。

再仔细看他的代数书我们就可以了解阿尔花成功的原因了。此书的目的不在总括这个科目的所有知识，而在给出"最简单而最有用的"成分，即最常用的数学。他发现以前巴比伦和希腊数学所用的复杂的几何技巧，都可以用比较简单而更有系统的代数方法代替。因此这个科目变得更容易学好。他解释如何把所有的二次方程式化成$x^2 + bx = c$，$x^2 = bx + c$，$x^2 + c = bx$三者之一，其中 b，c 为正数。请注意：他把二次项的系数除去了。如果他懂得负数的话，他一定乐于更进一步把三式并做一式。

我提到哈里发要求他属下的科学家把其他地方的科学知识都用阿拉伯文写下来。虽然我不知道在这以前有没有像阿尔花这么漂亮的二次方程式的处理方法，但是他的代数书的第二部分（处理几何度量的问题）可是一本有趣的书。据考证，这是一个犹太祭司在 150 年左右编的，度量和代数的差异有助于了解阿尔花的方法。例如，当希伯来文本说圆周长等于$3\frac{1}{7}$乘以直径时，阿尔花说这只是一个公认的近似值，而非已证的事实。他说也可用$\sqrt{10}$ 或 $\frac{62832}{20000}$ 来代替，而后者是"天文学家用的"。希伯来文本仅叙述毕氏定理，但是阿尔花加上了证明。也许最重要的改变在一般三角形面积的处理上。下面的公式

$$\sqrt{s(s-a)(s-b)(s-c)}, \quad s = \frac{1}{2}(a+b+c) \text{为}$$

周界之半，但是在代数学的书中则完全不同。阿尔花希望用较简单的公式 $\frac{1}{2}$（底×高）来计算面积而其高可以由简单的代数运算求得（图 3）。从最长边所对的顶点向此边作垂线，分此边为 x 及 $a-x$，则 $b^2-x^2=c^2-(a-x)^2$，$b^2=c^2-a^2+2ax$，故 $x=\frac{(a^2+b^2-c^2)}{2a}$。因此高可以由 $\sqrt{b^2-x^2}$ 算得；如此就可以不必使用 Herron 的公式，而且由此反而很快就能导得这个公式。[①]

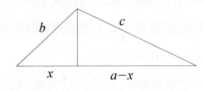

图 23

除非有更早的文献问世，证明阿尔花的代数方法系学自他人，上面的讨论显示我们有充分理由称他为"代数学之父"。亦即他的名字还可以加上阿尔—移项（abu-aljabr）。以阿尔花为中心，代数学的发展可以大略表示如下图：

---

① 透过余弦公式或半角公式，由 $\frac{1}{2}bc\sin A$ 导出来：

$$\sqrt{b^2-x^2}=\sqrt{(b+x)(b-x)}$$
$$b+x=b+\frac{a^2+b^2-c^2}{2a}=\frac{(a+b)^2-c^2}{2a}$$
$$=\frac{(a+b+c)(a+b-c)}{2a}=\frac{2s\cdot 2(s-c)}{2a}$$

同理得 $\quad b-x=\frac{2(s-b)\cdot 2(s-c)}{2a}$

整理即得此公式。

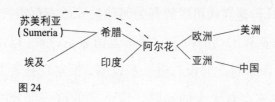

图 24

我从苏美利亚（巴比伦）引一条虚线过来，表示古代传统也许曾经直接传到巴格达，而没有经过古希腊人。保守的学者怀疑这条关系，但是我想他们太受到一种早已过时的历史观——希腊哲学家们是所有科学知识之源的影响。当然，阿尔花从未超过一元二次方程式，但是他的确从几何跃进到抽象的计算，而且他使这个科目系统化，且简单合理到可以做实际的运用。他不知道丢番图（Diophantus）早先在数论上的工作，它更抽象而远离现实，也因此更接近近世代数。我们很难比较阿尔花和丢番图的高下，因为他们目的不同。希腊科学家的特殊贡献是他们为学问而学问的态度。

阿尔花另一本关于印度算术的小书的原文本已经遗失。大概说来现存的只有一本不完整的 13 世纪的抄本，它大概是 12 世纪时从阿拉伯文译成拉丁文的。原文本可能相当不同。用现代眼光来看这本拉丁文译本是很有趣的，因为它基本上是关于如何用印度数字（十进位制）计算的书，但是它却用罗马数字来表示数！也许阿尔花的原稿也是类似的，即用阿拉伯文字字母来记数，一种取法自较早的希腊和希伯来的记数法，第一本这样的书用老而熟悉的记号来叙述问题和解答是合理的。我猜想阿尔花的书出来后不久，新的记数法变得很通行,这样还可以解释为何他的原始本都消失的原因。

阿尔花算术书的拉丁文译本上留有空白处,以便填入印度数字。译本对此并没有进一步说明,但是现在若要填补这些空白将不会有太大的问题。留下来的这一部分的手抄译本,从未被翻成英文或其他西方文字,虽然 1964 年有俄文译本。不幸的是,在两处发表这些拉丁文手稿的文献中,其转录上的错误甚多。我觉得确有需要出英文版,以使更多读者了解它的内容。书上给的十进位加减乘除的算法称之为算法(algori-thum)可能不恰当,因为它省略许多细节,即使它是阿尔花本人写的! 这已经有人做过详细研究。它们不太适合作纸笔演算,因为需要做很多事。这些大概只是从用在某种算盘上的程序直接采用下来的。这算盘不是波斯的就是印度的。至于不用算盘而真正适合纸笔演算的方法,其发展似乎要归功于两世纪后大马士革的另一个数学家。

在结束之前,我想再提一个来自花剌子模的杰出人物,阿比伦尼(Abû Bayhâ n Muhammad ibn Ahmad al-Bîrûnî, 973 — 1048),他是哲学家、史学家、旅行家、地理学家、语言学家、数学家、百科全书作者、天文学家、诗人、物理学家及计算机科学家,大约是 150 本书的作者。列入计算机科学家的原因是他对有效率的计算的兴趣之故。例如,阿比伦尼指出如何计算 $1 + 2 + \cdots + 2^{63}$ 的和;此即在西洋棋盘的第一格放一粒麦子,第二格两粒,第三格又增为两倍(四粒),等等,所有的麦粒总数。他用一个特别的技巧证明其和为

$\{[(16)^2]^2\}^2 - 1$，然后给出 18，446，744，073，709，551，615 的答案（用了三种记数法：十进位、六十进位及一种奇怪的阿拉伯字母式的）。他又说这个数约等于 2305 个 "mountain"（山），1 个 mountain 等于 10000 Wâdîs，1 个 wadi 是 1000 herds（群），1 群是 10000 loads，1 load 是 8 bidar，1 个 bidar 是 10000 麦子的单位。

代数学的故事（上）

□李白飞

朋友，你学过代数吧！那么，请你说说看，代数学在学些什么？解方程式？对了！不过，也许你要说，那是"中学代数"嘛，人家"大学代数"学的可是什么群啦、环啦、体啦，一些玄而又玄的东西，哪里是解方程式呢？不错，群、环、体等抽象的代数系统，的确是近世代数学所研究的对象，不过当初引进这些观念，莫不是为了要有系统地处理方程式的问题。如果我们说，代数史就是解方程式的历史，也不为过。现在让我们来回顾一下代数学发展的历史吧！

二次方程古已解之

早在数千年前,古巴比伦人和埃及人,即已着手于代数的探索。虽然他们解决代数问题的方法,早已湮没不彰,但是,很明显的,从他们那高度发展的文明所带来的种种成就,可以看出他们对很多的代数技巧相当熟习。譬如说,规划那些规模宏大的建筑,处理浩瀚的天文资料,以及推算各种历

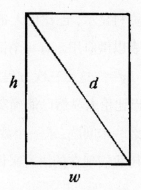

图 25 这的确是个相当不错的近似公式。读者不妨以 $(h, w) = (4, 3)$、$(12, 5)$、$(24, 7)$ 等实例去试试看。可以看出,在 $h > w$ 时,这的确是个相当不错的近似公式。我们知道,依照二项级数的展开,$d = \sqrt{h^2 + w^2} = h\left(1 + \frac{w^2}{h^2}\right)^{\frac{1}{2}} = h\left(1 + \frac{1}{2} \cdot \frac{w^2}{h^2} + \cdots\right) \doteqdot h + \frac{w^2}{2h}$ (当 $h > w$) 只是不晓得巴比伦人是怎么得来的。

法等,都必须知道解一次和二次方程的实际知识才行。巴比伦人和埃及人的数学,具有一个共同的特色,那就是"经验主义":一些计算法则,似乎都是由经验得来。例如埃及人用

$$A = \left(\frac{8d}{9}\right)^2$$

来计算圆面积(其中 d 为圆之直径),而巴比伦人则用 $d = h + \frac{w^2}{2h}$ 来求一个高 h 宽 w 的长方形的对角线长(见图 25)。大致说来,他们对于寻求特殊问题之解答的兴趣,远

比归纳某类问题的解法技巧来得高。

　　特别值得一提的，是巴比伦人解方程式的能耐。根据出土的资料显示，巴比伦人备有一些倒数、平方根和立方根的数值表以供应用。有一个记载着$u^3 + u^2$的数值表，似乎是求$ax^3 + bx^2 = c$这类三次方程之近似解时所用。[①]至于二次方程式，巴比伦人显然已能确实地解出。古巴比伦的文献上，曾有这么一个问题：求一个数使之与其倒数之和等于一个已知数。用我们现在的语言来说，他们是要解

$$x + \frac{1}{x} = bs$$

事实上，这相当于解

$$x^2 - bx + 1 = 0$$

这个二次方程，而他们已经晓得答案是

$$\frac{b}{2} \pm \sqrt{\left(\frac{b^2}{2} - 1\right)}$$

此外，他们也曾处理类似下面这样的问题：若一矩形之周长和面积皆已知，试求其长及宽。这几乎已经是典型的二次方程式了，只不过巴比伦人仅讨论具体的"应用问题"罢了。

---

① 若令$u = \dfrac{ax}{b}$，则原方程式变为$u^3 + u^2 = \dfrac{a^2c}{b}$。因为$u^3 + u^2$为$u$的渐增函数（当$u > 0$），所以从小$u^3 + u^2$的数值表，可利用插值法求得原方程式的近似解。

公理化的数学观

谈到古代的数学，我们不能不提到古希腊人。是古希腊人开始探讨理论性的、一般化的问题，才解脱了人类思想的桎梏，从而使数学有了长足的进步。古希腊人对于数学最大的贡献，莫过于公理系统的建立了。创出这个"公理化"的意念，这算是人类思想史上一个突破。

依照古希腊人的观念，几何学是由一组公理出发，经过逻辑演绎，从而得到种种定理的一种学问。古希腊人有一组他们偏爱的公理系统，那就是欧几里得（Euclid）几何的公理。他们认为这组公理有某种形而上的意义，反映出宇宙的"真实"状况。虽然公理化的概念对当时的代数并没有丝毫的影响，然而近世代数学的各支，却莫不以公理化的方法来处理。

由负数到判别式

古希腊人的几何观，导致他们在发展代数上的一些缺陷。譬如说，用配方法解二次方程的时候，负根就忽略不计。因为他们认为负数是"不真实"的。换句话说，负数没有几何意义。负数是印度人所创用来表示负债的。据说 1 世纪已开始使用，不过真正可考的年代，大概是在 628 年左右。比起古希腊人的专注于几何学来，印度人更倾心于代数，也因此，代数学在他们的手中成长繁荣起来了。

印度人知道一个正数有两个平方根，一正一负，而负数则"无平方根"。同时，他们也知道一个二次方程有两个根（负根和无理根都算在内）。因为印度人承认负数的存在，所以他们在解二次方程时，就不必像古希腊人一样，为了避免负系数而分

$$ax^2 = bx + c$$
$$ax^2 + bx = c \ (a, \ b, \ c \ \text{皆为正})$$
$$ax^2 + c = bx$$

三种情形来讨论。解法当然也是配方法，不过由于他们无法处理负数开平方，自然也就无法解所有的二次方程了。

印度人的代数学，后来经过阿拉伯人的整理和润饰，再传到西方世界去。"代数学"的英文——al-gebra——便是来自阿拉伯文的 al-jabr。[①]大家在中学时代所学到的二次方程根的公式，就是在回教帝国时代首度出现的，这个公式是说：二次方程式$ax^2 + bx + c = 0$的根是

$$x = \frac{-b \pm \sqrt{D}}{2a},$$

其中

$$D = b^2 - 4ac$$

---

① al-jabr一字是"补偿"的意思，这个名称来自代数运算的移项。当我们将$x^2 - 7 = 9$左边的-7去掉时，右边就得"补上"7而成为$x^2 = 16$。

即是该方程式的判别式（由于"虚数"尚未出现，自然 $D \geqslant 0$ 便成为有解的充要条件了）。

卡丹尔公式来历曲折

以后的几百年间，数学家一直在寻求一个公式，希望能像解二次方程一样地来解三次方程。除了某些特殊的例子以外，一般的三次方程都使数学家们束手无策。在 1494 年，甚至有人宣称一般的三次方程是不可能有解的。幸好，有人不以为然，仍努力不懈，终于在 1500 年左右，意大利博洛尼亚（Bologna）地方的一位数学教授"费罗"（dal Ferro）解出了

$$x^3 + mx = n$$

的三次方程。他并没有马上发表他的方法，因为依照中世纪的风尚，任何发现都秘而不宣，而保留起来准备向对手挑战或等待悬赏以领取奖金（我们现在来看，他这领奖金的梦想，果真如同煮熟的鸭子——飞了）。大约在 1510 年，他还是私下将解法告诉他的朋友弗耶以及他的女婿德拉殿（dellaNave）。1535 年，弗耶提出三十个方程式向布雷西亚（Brescia）市的一位叫"大舌头"（Tartaglia）[1]的数学家挑战，其中包含 $x^3 + mx = n$ 形态的方程式。"大舌头"（图 27）全部

---

① Tartaglia 原名 Niccolo Fontana，幼年时脸部曾被法国士兵以军刀划伤，因受惊吓而说话结结巴巴，从此就被称为"大舌头"（Tartaglia）而出名。他自己写的书也以此署名。

解出来了，并且宣称他也能解出

$$x^3 + mx^2 = n$$

cub⁹ p: 6 reb⁹ æꝗlis 20

形态的三次方程。1539 年，一位当时知名的数学家卡丹尔（Cardan）力促"大舌头"透露他的方法，在卡尔丹答应守密的保证之下，"大舌头"勉强告诉他一个晦涩的口诀。1542 年卡尔丹及

图 26　卡丹尔在书中，举实例说明他的解法。上方 cub⁹p：6reb⁹aeqlis 20 用近代数学表法就是 $x^3 + 6x = 20$

什么不是数学

其学生法拉利（Ferrari）在一次会晤德拉殿的场合，认定费罗的解法和卡丹尔的如出一辙，于是卡丹尔不顾自己当初的保证（谁又能奈何他呢），也没有经过"大舌头"的允许，便将这个解法整理发表在他的书里面，这便是一般所习称的卡丹尔公式的来历。①

图 27　"大舌头"的半身像

---

① 读者也许会对"大舌头"寄予无限的同情，然而"大舌头"与卡丹尔实在是一丘之貉。他曾"翻译"一些阿基米德的论述，事实上是抄自 3 世纪前的作品。另外，他也曾把别人所发现的斜面上运动定律，宣称是自己的创见。

三次方程的一般解

所谓"一般的"三次方程式，便是形如

$x^3 + bx^2 + cx + d = 0$ 的方程式，如果作 $y = x + \dfrac{b}{3}$ 的变量替换，则原方程式就变成

（1） $y^3 + py + q = 0$

因此只要考虑这种形态的三次方程就够了。卡丹尔最初发表时是用 $x^3 + 6x = 20$ 这个例子来说明他的解法，在此，我们不妨考虑较一般的

（2） $x^3 + mx = n$

其中 m 与 n 为正数。卡丹尔引进两个新变数 t 和 u，而令

$$t - u = n$$
$$tu = (m/3)^3$$

消去其中一个变数，再解所得二次方程式，得到

$$t = \sqrt{\sqrt{\frac{n^2}{4} + \frac{m^3}{27}} + \frac{n}{2}}$$
$$u = \sqrt{\sqrt{\frac{n^2}{4} + \frac{m^3}{27}} - \frac{n}{2}}$$

卡丹尔用几何的方法证明

$$x = \sqrt[3]{t} - \sqrt[3]{u}$$

为（2）式之一个根，这可能与"大舌头"得的根相同。

尽管当时已经是 16 世纪，负数的观念仍然受到欧洲人的排斥。所以，卡丹尔（或许"大舌头"也一样）又解了

$$x^3 = mx + n \text{和} x^3 + n = mx$$

两种形态的三次方程。虽然卡丹尔也把负数称为"幻数"，在他的书中负根和正根倒是兼容并蓄。不过，卡丹尔对于虚根却忽略不计，他管这种导致虚根的方程式叫"错误"的问题。我们知道一个三次方程有三个根，所以，卡丹尔的讨论并不完备，直到两个世纪后的 1732 年，才由欧拉（Euler）弥补完全。欧拉强调一个三次方程式永远有三个根，并且指出如何得到这些根：若 ω 和 ω^2 表 1 的两个立方虚根，也就是

$$x^2 + x + 1 = 0$$

的两个根则 t 和 u 的三方根分别为 $\sqrt[3]{t}$，$\sqrt[3]{t\omega}$，$\sqrt[3]{t\omega^2}$ 和 $\sqrt[3]{u}$，$\sqrt[3]{u\omega}$，$\sqrt[3]{u\omega^2}$ 如此，则

$$x_1 = \sqrt[3]{t} - \sqrt[3]{u}$$
$$x_2 = \sqrt[3]{t\omega} - \sqrt[3]{u\omega^2}$$
$$x_3 = \sqrt[3]{t\omega^2} - \sqrt[3]{u\omega}$$

即为（2）式之三个根。同样的道理，（1）式的三个根是

$$y_1 = \sqrt[3]{-\frac{q}{2} + \sqrt{D}} + \sqrt[3]{-\frac{q}{2} + \sqrt{D}}$$

$$y_2 = \omega\sqrt[3]{-\frac{q}{2} + \sqrt{D}} + \omega\sqrt[3]{-\frac{q}{2} + \sqrt{D}}$$

$$y_3 = \omega\sqrt[3]{-\frac{q}{2} + \sqrt{D}} + \omega\sqrt[3]{-\frac{q}{2} + \sqrt{D}}$$

在这里 $D = \frac{q^s}{4} + \frac{p^3}{27}$ 是三次方程（1）的判别式。看到这样美妙的式子，我们无法不赞叹和钦敬发现者的聪颖。

四次易解五次费脑筋

三次方程解出之后，紧接着四次方程的问题也在 1545 年被法拉利解决了。他的解法也发表在卡丹尔的书中，和卡丹尔公式属于同样的性质，但复杂得多。法拉利的方法是引进一个新变数，以期使原来的四次方程经过配方后可分解成两个二次式的乘积。因为所引进的新变数满足一个三次方程，可由卡丹尔公式解出，从而原方程式便很快可以解出来了。

在"大舌头"、卡丹尔和法拉利解决了三次和四次方程之后，大家注意力的焦点很自然地便落在五次方程了。数学家们都乐观地认为，在短时间内应该可以发现五次和更高次方程的"一般解"了。我们先来澄清一下，什么叫做一个 n 次方程的一般解呢？根据解二次和三次方程的经验，我们了解，n 次方程的一般解法，应该是一组计算公式，可以用来把该方程式的 n 个根，表为其系数的函数。还有，公式里只能用到四则运算（加、减、乘、除）和开方。虽然在五次方程一般解的寻求上投下了不少心血，谁知两个世纪过去了，依旧没有任何真正的进展。

第一个真正的突破，要归功于18世纪末兼具法、意血统的拉格朗日（Lagrange）了。他提出一种统一的解法，把已知的四次以下方程式的一般解，纳入单一的法则。他的想法，是把解一个给定的方程式的问题，转化成解另外一个补助的方程式，也就是所谓的预解式。拉氏的方法的确适用于一般的二次、三次以及四次的方程式。当原来的方程式次数不超过四的时候，预解式的次数是低于原式的次数。不幸的是，碰到五次方程的情形，拉氏的方法就行不通了，因为照他的方法所求到的预解式却是六次的！

累积经验启发后人

拉氏的方法之未能解出五次方程，暗示着一个令人惊异的可能性：莫非五次方程的一般解根本就不存在？拉氏自己就这么想过：五次方程如此难解，或许就是这个问题超过了人类能力的极限，不然便是公式的性质必须跟已知的形式不一样。1801年高斯（Gauss）也宣称这个问题不可解，事后证实的确如此。尽管拉氏本人没能解决这个问题，他也功不可没，因为日后挪威的阿贝尔（Abel）和法国的伽罗华（Galois）都是从他的方法中，看出何以四次以下能解，高次的就不行。他的想法是这样的：若 x_1，x_2，$\cdots$，x_n 为方程

式 $x^n + a_1 x^{n-1} + \cdots + a_n = 0$ 的 n 个根，

$$则 a_1 = - (x_1 + x_2 + \cdots + x_n)$$
$$a_2 = x_1 x_2 + x_1 x_3 + \cdots + x_{n-1} x_n$$
$$\cdots\cdots$$
$$a_n = (-1)^n x_1 x_2 \cdots\cdots x_n$$

拉氏注意到即使 x_1，x_2，$\cdots$，x_n 经过重新排列，这些系数，a_1，$a_2 \cdots$，a_n 依旧不变。换句话说，这些系数是 x_1，x_2，$\cdots$，x_n 诸根的对称函数。这个心得便是拉氏方法的核心，同时也启发了阿贝尔和伽罗华用排列来解决方程式的问题。

在 1799 到 1813 年的十多年间，拉氏的一位学生鲁菲尼（Ruffini）一直想证明出：超过四次以上的一般方程不能用根式的方法解得，也就是说不能用四则运算和开方来表示它的根。1813 年鲁氏证明，当原方程的次数大于或等于 5 的时候，其预解式次数不会低于 5。然后他就很自信地"以为"证明了超过四次的一般方程不可能有根式解。事实上，鲁氏的努力并不算成功，因为在他那自以为是的证明里，有个不小的漏洞，一直到 1876 年他本人才弥补起来。

阿贝尔是第一位充分证明五次以上的一般方程不能用根式解的人。与阿贝尔差不多同一时期的伽罗华，更从排列群的一些性质，建立了一套完整的理论，来判定什么样的方程式才能用根式解。巧合的是，阿氏和伽氏都像流星一样，光芒一现，就迅速地离开人间。阿氏活了 27 年（1802 — 1829），而伽氏只有 21 年（1811 — 1832）。更有甚者，他们这些划时代的重要发现，在他们生前都没有受到应有的重视。

有解无解耐寻味

阿氏读过拉氏和高斯有关方程式论的论述。他在中学时代就想学高斯处理二项式方程的方法，去研究高次方程的可解性。最初阿氏以为他解出了一般的五次方程，不过他很快地就发现其中的谬误，因此在 1824 到 1826 年这段时间，试着证明解的不可能性。首先他证明了这样的定理：如果一个方程式可以用根式解，那么在根的公式里出现的每个根式，都应该可以表示成诸根和 1 的某些方根之有理函数。这个结果正是鲁氏用过但并未证明的补助定理——尽管阿氏并没有见过他的论述。阿氏的证明相当复杂，而且绕圈子，甚至还有错误，不过幸亏并不影响大局。他终于证出了这样的定理：如果仅允许四则运算和开方，那么要想得到五次或更高次方程根的一般公式是不可能的。在此，我们必须强调一点，阿贝尔定理是需要一个很不寻常的证明的！因为，要验证一个既有的公式，是否为一个给定的方程式之解，那是相当容易的事，但是要证明"任何"公式都不对，则完全是另一回事！

虽然一般的高次方程不能用根式解，但仍然有不少特殊形态的方程式可用根式解。譬如二项式方程式

$$x^p = a \text{（} p \text{ 为质数）}$$

就是一个例子。另外，阿氏自己也曾找到了一些。于是接着的工作便是决定何种方程式可以用根式解。这个工作，刚由阿贝尔开始，伽罗华就把它结束了。1831 年伽氏找到了判别一个方程式是否可用根式解的充要条件。令人惊异的是，根据他的定理，居然有些整系数的五次方程，譬如

$$x^5 - 4x + 2 = 0$$

这个看来相貌平凡的方程式，它的根竟然无法用加、减、乘、除和开方来表示！

天才横溢世未识

神童伽罗华 15 岁就开始研究数学。他曾很认真而仔细地研究过拉格朗日、高斯、阿贝尔和柯西（Cauchy）等人的论述。1829 年他寄了两篇有关解方程式的论文给法国科学院。这两篇交给柯西后，被遗失了。1830 年正月，他把他的研究成果，谨慎地写成另一篇论文，再呈给科学院。这次送给傅立叶（Fourier），但是没多久，傅氏去世，论文也丢了。在伯松（Poisson）的建议下，他在 1831 年又写了一篇新的论文，题目是《论方程式可用根式解的条件》。这是他唯一完成的方程式论的论文，却被伯氏以"无法理解"为由退还给他，并建议他将内容写得充实些。这位天才横溢的青年，最后在将满 21 岁之前的一场决斗中丧生。在去世的前夕，他匆忙记下自己的研究成果，托付给他的一个朋友。伽

罗华那些灿烂辉煌的意念,简直是不可思议地超越了他那个时代,以至于未能为当时的人所赏识。一直到他死后数十年,他那卓越的贡献才开始受到注意。我们无法以粗浅的语言把伽氏的结果精确地告诉你。不过,我们不妨从实例中去体会伽氏的想法。

伽罗华群见分晓

考虑一个以 x_1,x_2,$\cdots$,x_n 为根的 n 次方程式

$$x^n + a_1 x^{n-1} + \cdots + a_n = 0$$

在这里,我们依照某一个固定的次序,来标示这些根。这些根的某一个"排列",便是将 x_1,x_2,$\cdots$,x_n 重新排成 x_{i_1},x_{i_2},$\cdots$,x_{i_n} 的某一种方法。这里的 i_1,i_2,$\cdots$,i_n 其实还是 1,2,$\cdots$,n 这 n 个数,每个出现一次,次序变更而已。为了方便起见,通常把一个排列想成

$$\begin{pmatrix} 1 & \cdots\cdots & n \\ i_1 & \cdots\cdots & i_n \end{pmatrix}$$

这个记号表示将 x_j 换成 x_{i_j},($1 \leqslant j \leqslant n$)。$x_1$,$x_2$,$\cdots$,$x_n$ 的所有排列全体就记为 S_n。

伽氏的基本构想是这样的:对任一多项式

$$(3)\quad x^n + a_1 x^{n-1} + \cdots + a_n$$

我们在S_n中找出一组排列跟它相应，这些排列由 a_1，a_2，$\cdots$， a_n 这些系数来决定。这一组特定的排列，构成一种代数系统，即所谓的"群"。这个群我们把它称为上列多项式（3）的"伽罗华群"。我们不打算在这里改变话题，去明确定义群的观念。不过我们可以大致说明一下伽罗华群是怎样得到的：虽然 x_1，x_2，$\cdots$， x_n，这 n 个根总共有 n 种排列，但是伽罗华群里的排列，却必须保持诸根之间的一切关系。譬如说，方程式

（4） $x^4 - x^2 - 2 = 0$

有四个根：$x_1 = \sqrt{2}$, $x_2 = -\sqrt{2}$, $x_3 = i$, $x_4 = -i$。在所有的二十四种排列中，只有下列四种排列能保持$x_1^2 = x_2^2$和$x_3^2 = x_4^2$这两个关系：

（5） $\begin{pmatrix} 1 & 2 & 3 & 4 \\ 1 & 2 & 3 & 4 \end{pmatrix}$, $\begin{pmatrix} 1 & 2 & 3 & 4 \\ 1 & 2 & 4 & 3 \end{pmatrix}$
$\begin{pmatrix} 1 & 2 & 3 & 4 \\ 2 & 1 & 3 & 4 \end{pmatrix}$, $\begin{pmatrix} 1 & 2 & 3 & 4 \\ 2 & 1 & 4 & 3 \end{pmatrix}$

其他的排列，譬如

$$\begin{pmatrix} 1 & 2 & 3 & 4 \\ 3 & 2 & 1 & 4 \end{pmatrix}$$

把$x_1^2 = x_2^2$变成$x_3^2 = x_2^2$，也就是$(i)^2 = (-\sqrt{2})^2$，这当然不对。事实上，我们可以进一步证明上述的四种排列保持着

"一切"的关系。（4）式的伽罗华群便由（5）式这四种排列所组成。

一个多项式的代数性质，可以从它的伽罗华群反映出来。例如，一个多项方程式，其可解性便可转化成其伽罗华群的某种非常简单的性质。事实上，当一个给定的方程式可以用根式解的时候，我们可以利用其伽罗华群的性质，依照一个固定的步骤，把它的根真正地用根式表示出来。而且，当这个步骤行不通的时候，一定就是这个方程式不能用根式解。照这个办法，我们可以得到阿贝尔的定理和四次以下方程式的解答公式。

附带值得一提的是，阿贝尔和伽罗华在研究解方程式的过程中引进了代数学的另一重要观念：和差积商都在集合内的一数集称为体，如有理数全体或由一方程式所有的根和有理数全体经加减乘除所衍生出来的数体都是。

代数学的故事（下）

□ 李白飞

代数滋润了几何

解多项方程式所得的经验，从历史的观点而言，可算是当代代数学的一块基石。它引导了数学家们开始研究群论。虽然拉格朗日、阿贝尔和伽罗华也曾先后发现了一些排列的基本性质，但是第一位对排列群作详尽研究的，则是法国的大数学家柯西（Cauchy）。1849 年柯西把他的研究成果发表在一系列的研究报告中。他虽然只讨论排列群，却是第一个提出群的观念的人。至于群的抽象定义，则是在 1853 年才由英国的凯莱（Cayley）提出来的。群的引进和方程式论的重大成就，在 19 世纪初期，对于数学上许多领域的进展都有深远的影响。其中最显著的便是几何学。代数学对于几何学的影响甚多，我们这里仅举尺规作图、非欧几何、代数曲线三个例子来说明。

有心栽花花不发

首先谈尺规作图的问题。古希腊的几何学家们，对于用直尺和圆规来做几何图形的问题颇感兴趣，而且在欧几里得的时代，就已经知道许多这样的作图法。譬如说，古古希腊人知道如何二等分一个线段，二等分一个角，作一直线垂直于一已知直线，以及作一个正五边形等。然而，有三个似乎很基本的作图题，古古希腊人始终无法解决。

三等分角问题 作一个角等于一个已知角的三分之一。当几何学家们知道怎样去二等分任意角之后，他们立刻就想到是否任意角也同样可以三等分。他们单单用直尺和圆规，仅能求到一些不错的近似解而已。如果尺上有刻度，或者尺规再加上一条抛物线或各种其他的组合，他们便能办到。但是光用直尺和圆规来做精确的三等分角，则一筹莫展。

倍立方问题 传说中，这问题的来源，可追溯到公元前 429 年，一场瘟疫袭击了雅典，造成四分之一的人口死亡。市民们推了一些代表去请示阿波罗的旨意。神指示说，要想遏止瘟疫，得将阿波罗神殿中那正立方的祭坛加大一倍。人们便把每边增长一倍，结果体积当然就变成了 8 倍，然而瘟疫依旧蔓延。于是他们想到，或许神谕是要把祭坛的体积增大一倍，也就是说每边增至原来边长的$3\sqrt{2}$倍。这个倍立方问题，等于是要用直尺和圆规作一已知线段的$3\sqrt{2}$倍长。结局很有意思，不知道到底是阿波罗觉得近似值就可以了，还是默许了雅典人用有刻度的尺，反正瘟疫就停止了。

方圆问题 据说哲学家阿那克萨戈拉在监牢时想出这样的问题：用直尺和圆规作一个正方形，使其面积等于一个已知圆的面积。换句话说，这等于是要用尺规作出一已知线段的$\sqrt{\pi}$倍长。

随着时代演进，这些问题的名声与日俱增，希腊数学先贤并没有因为知道$\sqrt[3]{2}$近似1.259就把问题抛诸脑后，仍然锲而不舍地思考和研究。我们不由得要对他们的好奇心，致以最高的敬意。除了三大作图题以外，还有一个有名的问题，乃是用尺规来做正多边形。在欧几里得时代，古古希腊人所知可以作图的正n边形，包括$n = 2^k$，3×2^k，5×2^k，15×2^k的情形。

其后两千年间，一直没再发现过新的正多边形之作图法。而且几何学家们也几乎一致默认，再也不会有别的正多边形可以用尺规来作图了。

无心插柳柳成荫

1796年，德国的天才数学家，当年才19岁的高斯证明

了正十七边形可以用尺规作图。[①]1826 年，他更进一步地宣称，一个正 n 边形可以作图的充要条件，就是

$$n = 2^k P_1 P_2 \cdots P_r, \text{ 其中 k} \geq 0$$

而 P_1，$P_2 \cdots\cdots$，P_r 分别为形如 $2^{2^n} + 1$，而彼此互异的质数。说得更明白些，每个 P_i 必须是 3，5，17，257，65537 等质数之一（$2^{2^n} + 1$ 不一定都是质数）。高斯的论述中，确实证明了这个条件的充分性，然而，必要性并不明显，高斯也没有证明。1837 年，汪彻（Wantzel）证明了高斯条件的必要性，此外他还证明了三等分任意角和倍立方的不可能性。至于方圆问题则是 1882 年才由林德曼（Lindemann）证明为不可能。就这样，三个古典的难题都在 19 世纪解决了。值得注意的是，这些古典难题之不可能性，其证明所用的是

什么不是数学

---

① 作正十七边形，等于作一个 $\frac{2\pi}{17}$ 的角，其方法如下：在一个半径为 1 的圆 O 中作彼此正交的两直径 AB，CD，过 A 与 D 分别作切线交于 S。在 AS 上取一点 E 使 $AE = \frac{1}{4}AS$。以 E 为圆心，OE 为半径，画弧交 AS 于 F 与 F' 两点。再以 F 为圆心，OF 为半径，画弧交 AS 于 H（H 在 FF' 线段外）；又以 F' 为圆心，OF' 为半径，画弧交 AS 于 H'（H' 在 FF' 线段上）。自 H 作一线与 AO 平行，而交 OC 于 T。延长 HT 至 Q，使 $TQ = AH'$。以 BQ 为直径，作圆交 CT 于 M。作 OM 之中垂线，交圆 O 于 P，则 $\angle POC$ 即所求之角。

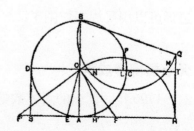

72

代数的观念（如体等），而不是几何的方法。①更让人惊讶的是，这些有关的代数观念，系来自当年解方程式的经验和伽罗华的研究成果。

几何目标的统一

代数学对 19 世纪几何学的另一影响，牵涉几何学的根本。19 世纪是几何学蓬勃发展的一个时代。这个时代里最令人瞩目的现象，是出现了许多种"非欧几何系统"，每一种新的几何系统都满足欧几里得几何里平行公理以外的所有公理（所谓平行公理是说：过直线外一点有唯一的直线与之平行）。第一种这样的几何系统才被发现，紧接着更多种便像雨后春笋般地纷纷出现。于是在 19 世纪中叶，引起了这样的困惑：几何学到底是什么？ 19

图 28 "什么欧氏几何，非欧几何，还不都是射影几何！"
——克莱因

---

① 三大几何作图，其实就是作一线段，使其长度分别等于一已知线段之 $\cos\alpha$，$\sqrt[3]{2}$ 和 $\sqrt{\pi}$ 倍，其中 α 为已知角。根据体论的分析，如果一已知线段之 a 倍长可以作图的话，则 a 必须满足一个次数为 2^n，不可约之有理多项式。例如 $\sqrt[3]{2}$ 满足 $x^3 - 2$ 这个不可约多项式，但次数为 3，因此倍立方为不可能。同理，$\cos20°$ 满足 $x^3 - \dfrac{3}{4}x - \dfrac{1}{8} = 0$，故三等分 60° 亦不可能。另外，$\pi$ 为一超越数（也就是说，π 无法满足任何非零的有理系数多项式），因此 $\sqrt{\pi}$ 亦然，所以方圆也同样地不可能。

世纪末，克莱因（Klein）（图28）提出一种构想，用群的观念来统一这些不同的几何。克氏的这个概念，便是现在习称的"埃朗根纲领"。[①]虽然我们知道，当初群的观念之产生，本是为了另一个完全不同的目的。没想到对非欧几何有这样的助益。

代数几何之发展

在19世纪，代数与几何之间的第三个接触点，便是代数曲线的理论。德国数学家黎曼（Riemann）（图29）一些辉煌的构想，为这个理论注入了很大的动力。概略地说，一条代数曲线便是满足。

图29 "阁下在大一所学到的积分，正是在下定义的。"——黎曼

$$(6)\ y^n + a_1(x)y^{n-1} + a_2(x)y^{n-2} + \cdots + a_n(x) = 0$$

的全体复数序对 (x, y) 之集合。在这里 $a_1(x)$, $a_2(x)$, $a_3(x)$, $\cdots$, $a_n(x)$ 都是复系数的多项式。例如：

$$x^2 + y^2 = 1,\ xy = 1,\ x^3 = y^2 + y^3 + xy$$

[①] 通常人们习于"真理只有一个"的观念，不免对于各种几何系统中所呈现的不一致性感到困惑。1872年克氏应聘为埃朗根大学教授，在演说中他提出以"变换群"来描述几何的概念。他认为几何学的目标，是在讨论变换群下的不变量。不同的变换群，便导致不同的几何学。

等方程式的解集合便都是代数曲线。一般人可能习惯把代数曲线想成（6）式形态方程式之实数解集合，其实，若考虑复数解，则可避免没有实数点的曲线之尴尬情形。例如，$x^2 + y^2 = -1$这个方程式就没有实数解，但是却有很多的复数解，譬如 (i, o), (o, i) 等都是。黎曼将代数曲线的许多几何性质，用纯代数的语言来表达，这样便可将代数的工具用来解决几何上的问题。从黎曼的研究成果，发展出了一门"代数几何学"，这是当今数学中相当受重视的一个领域。在19世纪的整个世纪里，代数学的发展与代数几何学的发展可说是齐头并进。代数的成果，推动了几何的研究，反之亦然。

数论同蒙其利

几何学并非19世纪中，唯一与代数交流而丰收的一门数学，数论是另外一个受益的园地。简单地说，数论是在研究 0, ±1, ±2, ±3, …这些整数的性质。数论是数学中最古老的一门，却历久而弥新。多少世纪以来，一直是其他各门数学中无尽的新观念之泉源。当然，我们不可能一一列举所有因考虑数论问题而产生的代数观念，不妨就看一看大家不太陌生的"费马最后定理"这个例子吧！

在平面几何的教科书上，我们常常见到边长为整数的直角三角形，尤其以勾、股、弦分别为 3，4，5 的三角形最为常见。根据商高定理（即毕氏定理），如果直角三角形的两股长为 x 和 y，斜边长为 z，则

（7）$x^2 + y^2 = z^2$

　　假使我们想要找出边长为整数的所有直角三角形，那就等于要找出（7）式的所有正整数解，也就是说 x、y、z 都是正整数的解。我们可以证明，（7）式所有的整数解是

$$x = c\,(a^2 - b^2)$$
$$y = 2abc$$
$$z = c\,(a^2 + b^2)$$

　　我们可以很容易地验算，对所有的整数 a、b、c，上式恒为（7）式的解。

数论中兴的功臣——费马

　　求多项方程之整数解（又称为不定方程式，也叫做丢番图方程式）的问题，要回溯到 3 世纪的时代。丢番图是亚历山大港的一位数学家，他是第一位对不定方程做深入研究的人。例如，$3x + 5y = 1$ 就是一个不定方程。不过，这个方程式并不难解，而且也不具代表性。通常，不定方程多半很难解。一个不定方程可能无解，可能只有有限组解，也可能有无限多组解。（7）式是属于最后一种的。至于

$x^2 + y^2 = 2$ 就只有 $(x, y) = (1, 1)\,(1, -1)\,(-1, 1)$，$(-1, -1)$ 四组解，而 $x^2 + y^2 = 3$ 根本就无解。

由于不定方程所呈现的挑战性，多少世纪以来一直吸引着许多数学爱好者，17世纪法国的费马（Fermat）便是其中之一。费马是一位律师，数学虽只是他业余的嗜好，可是他在数论、微积分、解析几何和或然率各方面的贡献却都是第一流的。他很少发表论文，其研究成果大都写在给朋友的信上。他曾细心地研究丢番图的论述，经常在他那本丢番图的书上加注或眉批。他有许多数论上的结果，就记在该书的空白处，尽管多半没有证明，不过他的结果差不多都对。唯一的错误，便是他以为所有形如 $2^{2n} + 1$ 的数都是质数。另一个有问题的批注便是下面要说的"费马最后定理"。

奇案久悬难断

费马在丢番图书上讨论（7）式的那一页这样宣称：若 $n > 2$，则 $x^n + y^n = z^n$ 没有非零的整数解。还有，他说他"发现了一个真正神妙的证明，可惜页边空白太窄写不下"。费马的这个叙述，后来被称为"费马最后定理"，至于费马本人是否正确地证明过，则不无疑问。事实上，尽管费马以来这三个多世纪，数学的进展一日千里，然而截至目前，费马最后定理仍未能证明，而成为数学上最有名的悬案之一。为证明这个定理所作的尝试，产生了更美丽、更重要的数学，近代的"代数数论"、"环论"等就是在这种努力下的智慧结晶。

虽然费马最后定理的正确性，至今仍然悬而未决，但是对于一些特殊的 n 则已获得证明。费马本人就曾证明过 $n = 4$

的情形。其实，要证明费马最后定理，只要考虑$n = 4$和n为奇质数的情形就够。我们撇开$n = 4$的情形，光说

（8）$x^p + y^p = z^p$

其中p为奇质数的情形。1835年德国的库默尔（Kummer）是第一个有系统地处理（8）式的人。若

$$\zeta_p = \cos（2\pi/p）+ i\sin（2\pi/p）$$

库默尔把形如

$$a_0 + a_1\zeta_p + \cdots + a_r\zeta_p^r$$

的复数称为一个"p 分圆整数"，这里的a_0，a_1，$\cdots$，a_r都是一般的整数。库默尔考虑这种"p分圆整数"的理由，是因为

$$x^p + y^p =（x + y）（x + y\zeta_p）\cdots（x + y\zeta_p^{p-1}）$$

可以完全分解成"p分圆整数"的乘积。他的构想是由此分解证明（8）式没有非零的"p 分圆整数"解，从而证明费马的定理。

库默尔的老师狄利克雷（Dirichlet）向他指出证明中的一个错误，那就是，一般整数均可表示为质数的乘积，且表示法唯一，但"p分圆整数"就不见得如此。库默尔便仔细研究因式分解的唯一性，发现确实只有对某些特殊的质数p

才成立。因此，他那关于费马最后定理的证明，只能算是对了一小部分。这该归咎于他那疏忽的假定。然而，对数学本身而言，这是一次多么幸运的疏忽啊！因为库默尔为了弥补因式分解不一定唯一的缺憾，他创造了"理想数"的概念。[①]库默尔对于理想数的深入研究，便是近代环论的肇始。

饮水思源莫忘本

以上所说的只是代数学的源流和其影响的一部分例子。为了避免引用一些专有的符号、定义和更深入的知识，事实上，我们也仅能这样大致地介绍。我们很抱歉，没能把今日代数学的面貌告诉你。不过我们希望能澄清一点，今日的代数学并不是无中生有，从天而降的，它自有其历史渊源；抽象化和公理化的处理，并不是无谓的符号游戏，而是为了要提炼和整理一些具体的成果，以期能应用于更广的领域，这是我们所要特别强调的。

---

① 我们用一个例子来说明理想数的概念。大家都知道，在正整数系中，质因数的分解确实唯一。然而，如果我们只考虑 1,8,15,22 等这些除以 7 余 1 的正整数所成的数系，则因数分解的唯一性便不再成立了。例如：792 = 22×36 = 8×99，而 22,36,8,99 四个数都不能再分解。当然，我们知道 792 = 2×4×9×11，而 22 = 2×11,36 = 4×9,8 = 2×4,99 = 9×11，只不过 2,4,9,11 四个数并不在这个数系里面。然而，在正整数系中，2 =（22,8），4 =（36,8），9 =（36,99），11 =（22,99）。也就是说，这些数虽在此数系外，却与系中的数有密切的关系。这些数便是该数系的"理想数"。原来的数系，如果加上这些理想数，因数分解就变成唯一了。

什么不是数学

□ 杨维哲

　　我的题目是《什么不是数学？》当然你知道这样的题目纯粹是要噱头，这个题目其实就是"什么是数学？"这怎么说呢？"什么不是数学"＝"什么是数学"，对我要演讲来说，用这两个题目其实是一样的，在数学里叫做等价。等价的情形很多，而且是数学上最重要的一个概念。大致说来是两件事情：一个是说"这个东西是那个东西的充分必要条件"。这样的事情在数学里最多了，如高等微积分、高等代数里所说的"这个性质其实就是那个性质，两者完全一样"、"这两个命题（statement）等价"。等价有别种用法，譬如等价关系（equivalence relation）。例子有很多，你很清楚啦，星期一、星期二、……星期七、星期八……对我们来说没什么要紧，因为星期七就是星期天，星期八就是星期一。这怎么讲呢？这就是所谓的 modulo，（modulo7）——对 7 来说，8 和 1 是等余（余数相等）——这也是等价。我用这个题目的理由是效果完全一样，而且可以要噱头。另外一个理由是：理论上说来，如果我们把"什么是数学"说清楚，那么"什么不是数学"也就很清楚了，反过来说也一样。这等于是数学里的所谓"补集"（complement），有所谓"负负得正"——补集合的补集合得到原集合。"瞎子摸象"的道理本来是讲人的偏执所见，有的人摸到的是这样，有的人摸到的是那样，就说象是怎么样的，其实这都不是嘛！不过，我们想清楚了，就知道瞎子摸象不应该这么讲，我们应该有比较正面、比较积极的说法。把我所摸到的各部分综合起来，"象是什么"也就更清楚了。我就打算这样点点滴滴地讲，这当然一点都不系统，不过没有关系，你多少总会得到一点儿概念。

　　数学史书上有这样的一个故事：有个英国佬，到属地南非当教授。有一天接到一张请帖，他很高兴，为了对得起胃，那天中午就不吃饭，照经验这是对的。结果，到时候才发现，大家都穿得西装笔挺，吃饱了饭来的，而且他竟是那天的演讲者。而演讲题目是什么呢？——《什么是数学？》他没有演讲的经验又空着肚子，主人殷勤奉上的咖啡，使他越喝越苦涩。不得已，也只有开始讲啦，小时候学过 2 个苹果加上 3 个苹果等于 5 个苹果，这是不是数学呢？他自己就答 No，这当然不算数学。好了，那么高深一点的，水流问题、鸡兔同笼（即假设是"中国式"的来讲）是不是数学呢？这当然也不是数学；再过来到初中时，解方程式有 $\dfrac{-b\pm\sqrt{b^2-4ac}}{2a}$，是不是数学呢？这个也不是。好了，都不是数学——他不晓得如何度过那个晚上。

我认为，这位教授的"什么是数学、什么不是数学"这样的说法，多少也说出了"什么是数学"。

数学很注重所谓的本质（essense），我这里讲的本质不想作严格的定义——马马虎虎啦。说到马马虎虎，这也很重要。数学很重要的一点就是"马马虎虎"，你要是懂得什么是马马虎虎，就懂得什么是无所谓。而懂得什么是无所谓，就如同你懂得什么是本质一样。所以你要懂得什么地方该马虎，该不在乎；什么地方才是要紧，你要在乎，这是数学最重要的一件事情。好了，那什么不是数学？最少，什么不是数学家呢？这儿我就记了一些东西，这样两边（见表 1 "什么是数学"与"什么不是数学"两栏）慢慢就会越记越多。我在街上看过很大的竖招——"名数学家"，你知道那是算命的，这年头比较少，现在都是写"哲学家"，他们当然都不是真正的数学家，也不是真正的哲学家。这当然不是数学啦，是算命的。实际上我就真的考证过，譬如，《说唐》故事里出现的钦天监李淳风，就是真的数学家，他曾对《九章算经》作注。古时候的钦天监就是数学家，那么钦天监这官儿是干什么的呢？是替皇帝算命的。实际上，我们也知道像开普勒（Kepler），是天文台的头子，可是他实际上也要替什么王公贵族算命。事实上是有一段时期，这些天文学家、算命的都是数学家，数学家也都是算命的，实在是无可奈何的事。但无论如何，星象学（astrology）是一种"不是数学的数学"。

表2　　　　　　　　　　什么是数学与什么不是数学

数学	非数学
类　推 数学教育 数理哲学 抽象化、公理化、一般化	占星术 考试数学 新数学

　　又有一个故事，是关于大数学家欧拉（Euler）。百科全书派的狄德罗（Diderot）是位典型的知识分子，绝对不信什么牛鬼蛇神，什么救主、得道。大家都辩不过他，于是想到找大数学家欧拉来对付他，欧拉就写了一个公式 $e^{i\pi}=-1$（譬如说），接着说"所以上帝存在"。故事里说狄德罗没办法，只得"抱头鼠窜"而去。我要讲的是——这一点很重要——欧拉研究的是数学，但是他讲的那句话不是数学。

　　数学家真正用心去研究的是有一点数学。我的老师就以著名的魔方（亦有称之魔术方块）为例演讲过。他慢慢儿跟你讲如何用变换群（transformation group）来看它，考虑它的轨道（orbit）。魔方大家都玩过，多少有一些观察，一些归纳，这当中也是有一些数学的，对不对?!譬如，转来转去，顶点仍然是顶点，中心仍是中心。当然，以我们的年纪很快就可以观察出来了。可是事实上并不那么简单，这里的数学主要是群论（或变换群论），而最初的一个问题是"对称"。

在数学上会提到"对称函数"，譬如 $f(x, y) = x^2 + xy + y^2$ 是 x、y 的对称函数，因为 x 变 y，y 变 x，结果还是原式：$f(x, y) = f(y, x)$。你也知道什么是交代式，就是 x、y 交换，使结果变个符号——$f(x, y) = f(y, x)$。另外还有奇函数、偶函数〔奇函数：$f(x) = -f(-x)$，偶函数：$f(x) = f(-x)$〕。

然后你注意到偶函数加偶函数得偶函数，奇函数加奇函数得奇函数；偶函数乘偶函数得偶函数，偶函数乘奇函数得奇函数，奇函数乘奇函数得偶函数，这有点像负负得正的情形,事实上是嘛！本来就是啊！在数学上叫做"同态"（homo-morphic）"在某种意味上，它们的本质是一样的"。

在数学里，我们随时随地要注意类推（analogy），这当然是数学的本质之一。刚刚说的对称式与交代式以及奇函数与偶函数的情形也一样，当然这有统一的理论，是群论里最简单的情形，群论讨论的是更复杂的对称。这其中都有一个类推，你要观察出，咦，这很相像——这可以说是数学的开始。或是我们常常会说观察到某种对称性，这可以说是所有观察里最重要的，不只是在数学，在物理学也是如此。"类推"是什么意思呢？是"相像"而不是"相同"，你要看出是什么地方一样，什么地方不一样。

什么是数学呢？通常的说法可分成理论数学、应用数学，我记得我老师说过还有第三种"考试数学"。考试数学就不是数学了，为什么呢？你看那些人天天准备数学，在补习班补数学，其实他们只是在练习"反射作用"！根本不用大脑，也不用小脑，只用延脑、间脑。学数学不是这样子的，不是学的要快，是要你把它想得很深刻，知道它的本质。好了，"考试数学"不是数学，还有什么东西不是数学？"新数学"就不是数学。所谓"新数学"，就是什么东西都要用集合（set）来讲，如此而已！我老师就说过："set 是康托（Cantor）提出来的，已经一百年，不算新了。"什么东西都用集合，我可以举例子来说明这有多荒谬。我女儿打跆拳回家，最先就喊"妈咪！"——还好她中"新数学"的毒不太深，否则她要喊："那个 singleton set——我妈妈所形成的那个集合——在哪里？"而我说的时候就更糟糕了："我太太所形成的集合在哪里？"人家要问了，咦，你太太还可以形成一个集合啊！你是摩门教徒，还是其他教的教徒？什么东西都用集合，有时真是很荒谬。

解方程式 $3x^2 + 2x - 7 = 0$，"新数学"却这么说——求 $3x^2 + 2x - 7 = 0$ 的解集合——那些人以为这样就是数学，数学就是这样。当然，这可一点都不是数学。

这儿我还列了一些"什么是数学"——数学教育和数学

的哲学。我的理由很简单，数学念通了，你当然可以教人，但教法是有点儿讲究的，有的人口才好教得好一点。但是这区别不大，你真正的会，等于只要把你的学习过程重复一遍，因为你跟他会犯的错误差不多一样，重要的是过程。我们学数学，重要的当然是整个思考的过程，所以我们在思考如何教人的同时，其实是心得最多的时候，这是数学。那么哲学呢？有些自命哲学家——算命的奢谈什么科学哲学、数学理哲学，就像我一位朋友说的，要谈那些个也要自己先把数学、物理都弄通了，才有资格讲。平常我上课就常提到一句罗素说的俏皮话（跟数学有关）："The number of a set is the set of all sets which have this number as their number of set."（对一个集合，它的元素个数就是"所有有同样元素个数的集合的那个集合"）这个定义不是很好，我知道，这有点儿矛盾，但是这里的逻辑家不需要跟我辩论，我说过马马虎虎啦，数学就是要马马虎虎，要讲本质。这就是所谓的"抽象化"，譬如要得到"4"这个概念，我把所有有"4"这个属性的那些东西都拿出来，就可以具体表达出"4"这个概念；它的意思只不过是这样，一点都没有深奥之处。

剩下的时间，我想比较正面的来讲"数学是什么"。讲数学的分类并不重要，要紧的是讲它的本质，那么数学的本质是什么？我们刚刚讲的——数学家读的、做的——但这不是很好。比较好的是开尔文（Kelvin）的定义——数学只不过是"精炼的常识"（refined common-sense），这里当然有好

什么不是数学

多层意思，我想我可以举例。我上大一微积分课，讲到微分学的应用，最重要的应用是极大、极小。所谓"应用数学"，最根本的问题就是极大、极小，为什么呢？因为我要赚最多的钱，或是吃亏最少。那么极大极小最简单的问题是什么呢？这里有一个故事：

日本有一位文学家菊池宽，他说数学其实没有用，所用到的只有一个——两点间直线的距离最短。

所以走路的时候永远是直进了——行必（不）由径啦！你不信?!只要看看我们校园里的草坪；其实我们都是这么走法，这是"良知良能"——不懂什么定理不定理，也照样这么走。施教授就说嘛，这不是人的"良知良能"，是狗的"良知良能"，这 level 用不到"人"嘛！对呀，你看看狗也是这么走的。你觉得人的尊严扫地了?! O. K. 改一改！两千多年前，海伦（Heron）提出假说（hypothesis）解释光线直进："光线走最短距离，所以就直进。"这个精炼的常识，狗就提不出来了！有数学，人才有尊严。后来到了费马（Fermat），说法也不一样啦，他提到"折射"，这也应该用极小原理来说明：光从一个介质进到另一介质，所用的时间要最短，而不是距离最短。那么在不同介质中光速不一样，他就利用这个说法，以微分法来推，完全能够解释斯涅尔（Snell）的折射原理了，这当然很伟大。我上大一微积分课时，常常跟同学们举一个例子〔从费曼（Feynman）讲义抄来的〕：你人在沙滩上，远远的海上有人喊救命。如果你的程度跟狗一样，你就直跑过去；如果你的程度跟费马一样，或是有我们大一学生的程度，你就会应用折射原理算一算，跑远一点路程再折过去、游过去——因为路上跑总比较快一点。

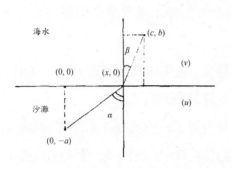

图 30 费马的计算方法

数学上有很多这样子的例子，大部分的东西都有它常识的一面，道理其实很简单，但是你要把它弄通，完全掌握。

以上的问题，费马的计算方法是（见图 30），从（0，－a）到（c，b）（a、b、c 均＞0），在（x，0）处打折，而在沙滩与海水中，你的速度分别是 u、v，那么所需时间为

$$y = \frac{\sqrt{x^2 + a^2}}{u} + \frac{\sqrt{(c - x)^2 + b^2}}{v}$$

而求 y 之极小。实质上他用了微分法（解 $\frac{dy}{dx} = 0$），而算出 $\frac{\sin \alpha}{u} = \frac{\sin \beta}{v}$ 的斯聂尔定律！

以求最大公因式的辗转相除法来说，教科书上所讲的，我就不太满意，理由是：没有一个很常识（common-sense）性的说法。想法是很自然的嘛，为什么不强调呢？——这个问题本来是：找两个长度的公共度量，当然这个度量不一定存在。假设存在，则用辗转相除的想法来作就可以得到。想

法是这么简单，是常识嘛！但是要"精炼"，这当然就牵涉方法了。数学的方法大致说来是抓住要点，"抓住要点"是什么呢？常常就是"抽象化"；我们常说数学要"公理化"、"抽象化"，要"推广"，这些讲起来都是把它"结晶"下来，你抓住的要点就是所谓的"公理"。为什么要抽象化？就是要"以简御繁"，以简单的几个要点来统概一切，我想很多人都知道这意思。我上微积分课，跟同学们说，微积分最基本的一个技巧，说了半天，其实就是变量代换，事实上也是你常常用到的。我常举以下的一个例子：

$$\text{解} \quad (x+1)(x+2)(x+7)(x+8) = k$$
$$\Rightarrow \quad (x^2+9x+8)(x^2+9x+14) = k$$
$$\Rightarrow \quad \boxed{}^2 + 22\,\boxed{} + (112-k) = 0$$
……

我跟他们说过，我私自决定，如果有哪位同学作题目时会自动利用这样的 $\boxed{}$，我一定要加他 20 分。结果我教了十年，没有一位同学这样做。（因为如果这么写，表示他太懂得"变量代换"，懒得写"令 $u = x^2 + 9x$，则……"，这就是"抓住要点"了嘛！）微分的"链锁规则"其实也就是"变量代换"，整个就只有一招——就是数学的精神所在。我这样讲，有点儿拉杂，列出的点也不够多，不过时间也差不多了，就在这儿打住。

谈韩信点兵问题

□ 蔡聪明

在《孙子算经》里（共三卷，据推测约成书于公元 400 年左右），下卷的第二十六题，就是鼎鼎有名的"孙子问题"：

今有物不知其数，三三数之剩二，五五数之剩三，七七数之剩二，问物几何？

将它翻译成白话：这里有一堆东西，不知道有几个。三个三个去数它们，剩余两个；五个五个去数它们，剩余三个；七个七个去数它们，剩余两个。问这堆东西有几个？精简一点来说：有一个数，用 3 除之余 2；用 5 除之余 3；用

7 除之余 2，试求此数。用现代的记号来表达：假设待求数为 x，则孙子问题就是求解方程式：

$$\begin{cases} x = 2 \text{（除 3）} \\ x = 3 \text{（除 5）} \\ x = 2 \text{（除 7）} \end{cases}$$

其中 $a = b \pmod{n}$ 表示 $a - b$ 可被 n 整除。这个问题俗称为"韩信点兵"（又叫做"秦王暗点兵"、"鬼谷算"、"隔墙算"、"剪管术"、"神奇妙算"、"大衍求一术"，等等），它属于数论(Number theory)中的"不定方程问题"(Indeterminate equations)。

孙子给出答案：

答曰：二十三

事实上，这是最小的正整数解答。他又说出计算技巧：

术曰：三三数之剩二，置一百四十；五五数之剩三，置六十三；七七之数剩二，置三十。并之得二百三十三。以二百一十减之，即得。凡三三数之剩一，则置七十；五五数之剩一，则置二十一；七七数之剩一，则置十五。一百六以上，以一百五减之，即得。

这段话翻译成数学式就是：

$$x = 2 \times 70 + 3 \times 21 + 2 \times 15 - 2 \times 105$$

$$= 140 + 63 + 30 - 210$$
$$= 23$$

此数是最小的正整数解。

为了突显 70、21、15、105 这些数目，明朝的程大位在《算法统宗》（1592 年）中，把它们及解答编成歌诀：

> 三人同行七十稀，五树梅花廿一枝，
>
> 七子团圆正半月，除百零五便得知。

另外，在宋代已有人编成这样的四句诗：

> 三岁孩儿七十稀，五留廿一事尤奇，
>
> 七度上元重相会，寒食清明便可知。

这些都流传很广。"上元"是指正月 15 日，即元宵节，暗指"15"；而"寒食"是节令名，从冬至到清明，间隔 105 日，这段期间叫做"寒食"，故"寒食"暗指"105"。

本文我们要来探索韩信点兵问题的各种解法，它们的思路过程与背后涉及数学概念和方法。

观察、试误与系统列表

按思考的常理，面对一个问题，最先想到的办法就是观察、试误（trial and error）、投石问路、收集资讯，再经系统化处理，这往往就能够解决一个问题。即使不能解决，对该问题也有了相当的理解，方便于往后的研究或吸收新知。

首先考虑被 3 除之余 2 的问题。正整数可被 3 整除的有 3，6，9，12，…所以被 3 除之余 2 的正整数有 2，5，8，11，14，…其次，被 5 除之余 3 的正整数有 3，8，13，18，…最后，被 7 除之余 2 的正整数有 2，9，16，23，…将其系统地列成表，以利观察与比较。

被 3 除之余…	2,5,8,11,14,17,20,23,26…
被 5 除之余…	3,8,13,18,23,28,33,38,43…
被 7 除之余…	2,9,16,23,30,37,44,51,58…

我们马上可从表中看出 23 是最小的正整数解。有一位四年级的小学生，他耐心地继续计算下去，得到第二个答案是 128，第三个答案是 233，接着又归纳出一条规律：从 23 开始，逐次加 105 都是答案（这是磨炼四则运算的好机会）。从而，他知道孙子问题有无穷多个解答。不过，小学生还没有能力把所有的解答写成一般公式：

$$x = 23 + 105 \cdot n, \ n \in N_0 \quad \cdots\cdots\cdots\cdots\cdots\cdots ①$$
其中，$N_0 = \{0, 1, 2, 3, \cdots\}$。

根据概率论，一只猴子在打字机前随机打字，终究会打出莎士比亚全集，其几率为 1。这是试误法中，最令人惊奇的一个例子。人为万物之灵，使用试误法当然更高明、更有效。总之，我们可以（且必须）从错误中学习。

分析与综合

根据笛卡尔（Descartes，1596 — 1650）的解题方法论：面对一个难题，尽可能把它分解成许多部分，然后由最简单、最容易下手的地方开始，一步一步地拾级而上，直到原来的难题解决。换言之，你问我一个问题，我就自问更多相关的问题，由简易至复杂，铺成一条探索之路。

现在我们考虑比孙子问题更一般的问题：

问题一 试求出满足下式之整数 x：

$$\begin{cases} x = 3q_1 + r_1, & 0 \leqslant r_1 < 3 \\ x = 5q_2 + r_2, & 0 \leqslant r_2 < 5 \quad\cdots\cdots\cdots\cdots\text{②} \\ x = 7q_3 + r_3, & 0 \leqslant r_3 < 7 \end{cases}$$

孙子问题是 $r_1 = 2$，$r_2 = 3$，$r_3 = 4$ 的特例：

$$\begin{cases} x = 3q_1 + 2 \\ x = 5q_2 + 3 \quad\cdots\cdots\cdots\cdots\cdots\cdots\text{③} \\ x = 7q_3 + 2 \end{cases}$$

为了求解这个特例，我们进一步考虑一连串更简单的特例。基本上，这有两个方向：剩余为 0 或只有单独一个方程式。

单独一个方程式

欲求

$$x = 3q_1 + 2 \quad\cdots\cdots\cdots\cdots\cdots\cdots\cdots\text{④}$$

什么不是数学

的整数解 x，显然解答的全体为

$$S = \{\cdots, -7, -4, -1, 2, 5, \cdots\}$$

这些解答可以写成一个通式：

$$x = 3n + 2, \ n \in Z \ \cdots\cdots\cdots\cdots\cdots\cdots\cdots\cdots ⑤$$

其中 Z 表示整数集。事实上，⑤式只是④的重述。

进一步，通解公式⑤也可以写成

$$x = 3n + 5, \ n \in Z$$

或

$$x = 3n + (-4), \ n \in Z$$

等等。换言之，通解公式可以表示成 $x = 3n$，$n \in Z$，与 $x = 2$（或 $x = 5$，或 $x = -4$ 等等）这两部分之和。前一部分是 $x = 3q_1$ 之通解，后一部分是 $x = 3q_1 + 2$ 的任何一个解答（叫做特解）。

这告诉我们，欲求 $x = 3q_1 + 2$ 之通解，可以分成两个简单的步骤：先求 $x = 3q_1$ 的通解，再求 $x = 3q_1 + 2$ 的任何一个特解，最后将两者加起来就是 $x = 3q_1 + 2$ 的通解公式。

这对于两个方程式的情形也成立吗？这是否为一般的模式？下述我们将看出，这是肯定的。

两个方程式

其次，考虑

$$\begin{cases} x = 3q_1 + 2 \\ x = 5q_2 + 3 \end{cases} \quad\cdots\cdots\cdots\cdots\cdots\cdots\cdots\cdots⑥$$

的整数解 x。为此，我们考虑更简单的齐次方程式问题：

$$\begin{cases} x = 3q_1 + 0 \\ x = 5q_2 + 0 \end{cases} \quad\cdots\cdots\cdots\cdots\cdots\cdots\cdots\cdots⑦$$

这表示 x 可以同时被 3、5 整除，即 x 是 3、5 的公倍数。因为这两个数互质，所以 $3 \times 5 = 15$ 是它们的最小公倍数。从而，

$$x = 15 \cdot n, \quad n \in Z \quad\cdots\cdots\cdots\cdots\cdots\cdots\cdots⑧$$

是⑦式的齐次方程之通解公式。

如何求得⑥式的一个特解？这可以采用试误法，也可以系统地来做。今依后者，考虑比⑦式稍微进一步的问题：

$$\begin{cases} x = 3q_1 + 1 \\ x = 5q_2 + 0 \end{cases} \quad\cdots\cdots\cdots\cdots\cdots\cdots\cdots\cdots⑨$$

这是要在 5 的倍数中

$$\cdots -10, \ -5, \ 0, \ 5, \ 10, \ 15, \ \cdots$$

找被 3 除余 1 者。由于我们只要找一个特解 $x = 10$，故不妨

选取 $x = 10$。从而

$$\begin{cases} x = 3q_1 + 2 \\ x = 5q_2 + 0 \end{cases} \quad\cdots\cdots\cdots\cdots\cdots\cdots\cdots\cdots ⑩$$

的一个特解为 $x = 2 \times 10$。同理，我们找到

$$\begin{cases} x = 3q_1 + 0 \\ x = 5q_2 + 1 \end{cases} \quad\cdots\cdots\cdots\cdots\cdots\cdots\cdots\cdots ⑪$$

的一个特解 $x = 6$，于是 $x = 3 \times 6$ 为

$$\begin{cases} x = 3q_1 + 0 \\ x = 5q_2 + 3 \end{cases} \quad\cdots\cdots\cdots\cdots\cdots\cdots\cdots\cdots ⑫$$

的一个特解。因此

$$x = 2 \times 10 + 3 \times 6 \cdots\cdots\cdots\cdots\cdots\cdots\cdots\cdots ⑬$$

为⑥式的一个特解。

将⑧式与⑬式相加，得到

$$x = 2 \times 10 + 3 \times 6 + 15 \cdot n, \; n \in Z \cdots\cdots\cdots ⑭$$

这是式的通解公式（穷尽了所有解答）吗？

答案是肯定的，我们证明如下：根据上述的建构，显然⑭式为⑥的解答。反过来，设 A 为⑥式的任意解答，则 $A - 2 \times 10 - 3 \times 6$ 为⑦式的解答，而⑦式的解答形如 $15 \cdot n$，因此 $A - 2 \times 10 - 3 \times 6 = 15 \cdot n$，亦即 A 可表示成

谈韩信点兵问题

$$A = 2 \times 10 + 3 \times 6 + 10 \cdot n, \; n \in z$$

换言之，⑥式的任意解答皆可表示成⑭之形，所以⑭式为⑥式之通解公式。

孙子问题

现在我们再往前进一步，来到孙子问题，即③式之求解。仿上述办法，先解齐次方程：

$$\begin{cases} x = 3q_1 + 0 \\ x = 5q_2 + 0 \\ x = 7q_3 + 0 \end{cases}$$

得到通解公式为

$$x = 3 \times 5 \times 7 \times n$$
$$= 105 \cdot n, \; n \in z \quad \cdots\cdots\cdots\cdots\cdots\cdots\cdots ⑮$$

其次，我们分别找

$$\begin{cases} x = 3q_1 + 1 \\ x = 5q_2 + 0 \\ x = 7q_3 + 0 \end{cases}$$
$$\begin{cases} x = 3q_1 + 0 \\ x = 5q_2 + 1 \\ x = 7q_3 + 0 \end{cases}$$

$$\begin{cases} x = 3q_1 + 0 \\ x = 5q_2 + 0 \\ x = 7q_3 + 1 \end{cases}$$

之特解，得到 $x = 70$，$x = 21$，$x = 15$。从而

$$x = 2{\times}70 + 3{\times}21 + 2{\times}15 \quad \cdots\cdots\cdots\cdots\cdots ⑯$$

为孙子问题（即③式）的一个特解。

将⑮式与⑯式相加起来，得到

$$x = 2{\times}70 + 3{\times}21 + 2{\times}15 + 105 \cdot n, \ n{\in}Z \cdots ⑰$$

我们仿上述很容易可以证明，⑰式就是孙子问题的通解公式。特别地，当 $n = -2$ 时，$x = 23$ 为最小正整数解。

最一般的情形

最后，我们前进到问题 1（即②式）之求解。根据上述的解法，我们立即可以写出②式的通解公式：

$$x = 70r_1 + 21r_2 + 15r_3 + 105 \cdot n, \ n{\in}Z \cdots\cdots\cdots ⑱$$

总而言之，对于孙子问题的求解，我们采取了分析与综合的方法：将原问题分解成几个相关的简易问题（相当于物质之分解成原子），分别求得解答后，再将它们综合起来（相当于原子之组合成物质）。这里的综合包括特解的放大某个倍数，相加，然后再加上齐次方程的通解。这非常相像于原

子论的研究物质的组成要素、结构、变化和分合之道。

线性结构

表象与实体（appearance and reality）的关系和互动是哲学的一大主题。通常我们相信，显现在外的表象，背后有规律可循，亦即大自然按机制来出像。

准此以观，上述孙子问题的解法，只是技术层面（即表象）而已。我们要再深挖下去，追究潜藏的道理。我们要问：到底背后是什么结构，使得我们的解法可以畅行？

为了探究这个问题，让我们对孙子问题作进一步的分析。特别地，我们要转换观点。

问题的转换

首先，将②式改写成

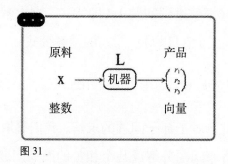

图 31

$$\begin{cases} x - 3q_1 = r_1, & 0 \le r_1 < 3 \\ x - 5q_2 = r_2, & 0 \le r_2 < 5 \\ x - 7q_3 = r_3, & 0 \le r_3 < 7 \end{cases} \quad \text{⑲}$$

再将上式看成一个映射（mapping）或一部机器 L（如图 31）。

这部机器的运作 $L\ (x) = \begin{pmatrix} r_1 \\ r_2 \\ r_3 \end{pmatrix}$，由⑲式所定义。

据此，我们原来的问题就变成：已知产品 $\begin{pmatrix} r_1 \\ r_2 \\ r_3 \end{pmatrix}$，要

找原料 x，使得 $L\ (x) = \begin{pmatrix} r_1 \\ r_2 \\ r_3 \end{pmatrix}$。这是一个典型的解方程

式问题。

集合加结构

为了要求解这个问题，我们必须研究 L 的性质，以及原料集与产品集的结构。

基本上，我们可以说，现代数学就是研究集合加上结构，由此演绎出的所有的结果。这个结构可以是运算的或公理的。

L 的原料集为整数集

$$Z = \{\cdots, -3, -2, -1, 0, 1, 2, \cdots\}$$

在求解孙子问题的过程中，我们用到了两个整数 a、b 的加法 $a + b \in Z$，以及一个整系数 α 与一个整数 a 的系数乘法 $\alpha, a \in Z$。这两个运算满足一般数系所具有的一些运算律，例如交换律、分配律等。

另一方面，由三个整数所组成的一个向量，例如

$\begin{pmatrix} r_1 \\ r_2 \\ r_3 \end{pmatrix}$，就是 L 的一个产品，而产品集为

$$Z_3 \times Z_5 \times Z_7 = \left\{ \begin{pmatrix} r_1 \\ r_2 \\ r_3 \end{pmatrix} : 0 \leqslant r_1 < 3, \, 0 \leqslant r_2 < 5, \, 0 \leqslant r_3 < 7 \right\}$$

两个向量的相加，以及系数乘法，分别定义为

$$\begin{pmatrix} a_1 \\ b_1 \\ c_1 \end{pmatrix} + \begin{pmatrix} a_2 \\ b_2 \\ c_2 \end{pmatrix} = \begin{pmatrix} a_1 + a_2 \\ b_1 + b_2 \\ c_1 + c_2 \end{pmatrix}$$

$$a \cdot \begin{pmatrix} a \\ b \\ c \end{pmatrix} = \begin{pmatrix} aa \\ ab \\ ac \end{pmatrix}$$

但是，最后所得的结果，必须再经过对 3、5、7 的取模操作，例如

$$\begin{pmatrix} 1 \\ 4 \\ 1 \end{pmatrix} + \begin{pmatrix} 2 \\ 2 \\ 5 \end{pmatrix} = \begin{pmatrix} 3 \\ 6 \\ 6 \end{pmatrix} = \begin{pmatrix} 0 \\ 1 \\ 6 \end{pmatrix} \quad ⑳$$

$$9 \begin{pmatrix} 1 \\ 4 \\ 1 \end{pmatrix} = \begin{pmatrix} 9 \\ 36 \\ 9 \end{pmatrix} = \begin{pmatrix} 0 \\ 1 \\ 2 \end{pmatrix}$$

因为这一切都是起源于对 3、5、7 的除法及余数的问题，某数被 3 除，余 0 与余 3 都表示着同一回事，即某数为 3 的倍数。因此利用对 3 同余的观点来看，$1 + 2 = 0$；对 5 同余的观点来看，$2 + 4 = 1$；同理，对 7 同余，那么 $4 + 5 = 2$。

L 的性质

现在我们知道，L 是从原料集 Z 到产品集 $Z_3 \times Z_5 \times Z_7$ 之间的一个映射，记成

$$L: Z \to Z_3 \times Z_5 \times Z_7$$

相对于分合工具的加法与系数乘法，L 具有什么性质呢？解决孙子问题的分析与综合法，如何反映成 L 的性质？

我们观察到

$$L(64) = \begin{pmatrix} 1 \\ 4 \\ 1 \end{pmatrix}, \ L(47) = \begin{pmatrix} 2 \\ 2 \\ 5 \end{pmatrix}$$

而且

$$L(64 + 47) = L(111) = \begin{pmatrix} 0 \\ 1 \\ 6 \end{pmatrix}$$

由⑳式知

$$L(64 + 47) = L(64) + L(47)$$

同理，易验知

$$L(9 \times 64) = 9 \cdot L(64)$$

一般而言，我们有：

定理 1. 映射 $L: Z \to Z_3 \times Z_5 \times Z_7$ 满足

$$(\text{I}) \quad L(x+y) = L(x) + L(y) \quad \text{\dotfill} \quad ㉑$$

$$(\text{II}) \quad L(ax) = aL(x) \quad \text{\dotfill} \quad ㉒$$

其中 x、y、a 皆属于 Z。

我们称㉑式为 L 具有加性，㉒式为 L 具有齐性。两者合起来统称为 L 具有叠加原理（Superposition principle），或称 L 为一个线性算子（Linear operator）。这两条性质是由齐一次函数 $f(x) = ax$ 抽取出来的特征性质。

这些似乎有点儿抽象，相当于从算术飞跃到代数的情形。但是，抽象是值得的，它使我们看得更清楚，也易于掌握本质、要点。

线性问题的求解

孙子问题就是欲求解线性方程式

$$L(x) = \begin{pmatrix} r_1 \\ r_2 \\ r_3 \end{pmatrix} \quad \text{\dotfill} \quad ㉓$$

特别地，求解

$$L(x) = \begin{pmatrix} 2 \\ 3 \\ 2 \end{pmatrix} \quad \text{\dotfill} \quad ㉔$$

L 具有叠加原理（或线性），导致了下列求解线性方程式的三个步骤：

(1)齐次方程

先解齐次方程 $L(x) = \begin{pmatrix} 1 \\ 0 \\ 0 \end{pmatrix}$，得到齐次通解

$$x = 105 \cdot n, \ n \in Z$$

(2)非齐次方程

其次，解非齐次方程

$$L(x) = \begin{pmatrix} r_1 \\ r_2 \\ r_3 \end{pmatrix}$$

$$= r_1 \begin{pmatrix} 1 \\ 0 \\ 0 \end{pmatrix} + r_2 \begin{pmatrix} 0 \\ 1 \\ 0 \end{pmatrix} + r_3 \begin{pmatrix} 0 \\ 0 \\ 1 \end{pmatrix} \quad \cdots\cdots \text{㉕}$$

的一个特解。为此，我们求

$$L(x) = \begin{pmatrix} 1 \\ 0 \\ 0 \end{pmatrix}$$

$$L(x) = \begin{pmatrix} 0 \\ 1 \\ 0 \end{pmatrix}$$

$$L(x) = \begin{pmatrix} 0 \\ 0 \\ 1 \end{pmatrix}$$

之特解，分别得到 $x = 70$，$x = 21$，$x = 15$。作叠加

$$x = 70r_1 + 21r_2 + 15r_3$$

就是㉕的一个特解。

（3）再作叠加

将非齐次方程的一个特解加上齐次通解，得到

$$x = 70r_1 + 21r_2 + 15r_3 + 105 \cdot n, \ n \in Z$$

就是孙子问题（㉓式）的通解公式。

一般地且抽象地探讨向量空间的性质（一个集合具有加法与系数乘法）、两个向量空间之间的线性算子之内在结构，以及求解相关的线性方程式，这些就构成了线性代数（Linear Algebra）的内容。这是从代数学、分析学、几何学、物理学的许多实际解题过程中，抽取出来的一个共通的数学理论架构，不但重要而且美丽。

我们也看出，孙子问题是生出线性代数的胚芽之一。这样的问题就是好问题，值得彻底研究清楚。

习题一：有一堆苹果，七个七个数剩下三个，十一个十一个数剩下五个，十三个十三个数剩下八个，试求苹果的个数，包括最小整数解及通解。

中国剩余定理

孙子问题可以再推广，将三个数 3、5、7 改成两两互质的 n 个正整数，解法仍然相同。

定理 2. 设 m_1，m_2，$\cdots$，m_n 为 n 个两两互质的正整数，则不定方程式

$$
\begin{cases}
x = m_1 q_1 + r_1 \\
x = m_2 q_2 + r_2 \\
\cdots\cdots \qquad\qquad\cdots\cdots\cdots\cdots\cdots\cdots\cdots\cdots\cdots\cdots\cdots\cdots \textcircled{26}\\
\cdots\cdots \\
x = m_n q_n + r_n
\end{cases}
$$

存在有解答，并且在取模 $m_1 m_2 \cdots m_n$ 之下，解答是唯一的。复次，$\textcircled{26}$ 式的通解等于特解加上齐次方程的通解[①]。

证明：我们只需证明，当 $r_k = 1$，$r_i = 0$，$\forall_i \neq k$ 时，$\textcircled{26}$ 式存在有整数解即可。令

$$
M_k = m_1 m_2 \cdots m_{k-1} m_{k+1} \cdots m_n
$$

则 M_k 与 m_k 互质。由欧氏算则（即辗转相除法）知，存在整数 r, s 使得

$$
r M_k + s m_k = 1
$$

---

① 为了纪念孙子的贡献，西方人称这个定理为孙子定理或中国剩余定理。

有整数解。从而

$$rM_k = - sm_k + 1 = 1 \pmod{m_k}$$

故rM_k即为所求的一个解答。再按线性方程的叠加原理，就可以求得㉖式的通解了。证毕。

注意：当$m_1m_2 \cdots m_n$不两两互质时，㉖式可能无解。

习题二：请读者举出反例。

让代数方法行得通的依据，归根究底是数系的运算律，这是代数学的"空气"或"宪法"。同理，让线性方程式的求解行得通的依据是，线性叠加的结构（向量空间的运算律及线性算子的特性），由此发展出线性代数，使我们可以作分析与综合，达到以简化繁的境地。

透过各种具体例子的求解过程，逐步千锤百炼出抽象的数学理论。反过来，数学理论又统合着各种具体问题，让我们看得更清楚。这一来一往的过程是数学发展常见的模式。这种由具体（特殊）生出抽象（普遍），抽象又含纳具体的认识论，值得我们特别留意与欣赏。

物理学家费曼批评物理教育说：物理学家老是在传授解题的技巧，而不是从物理的精神层面来启发学生。

这里的"物理"改为"数学"也适用。

有没有办法，既学到技巧又掌握精神呢？我们引颈企盼！

分形的魅力

□廖思善

　　分形是自然的几何，分形与混沌密不可分，分形可以用来编码，压缩资料；分形可以研究都市的变迁、模拟股市的起伏……究竟分形有何魅力，让各个领域的人都喜欢谈论它，本文将告诉你其中秘密。

曲线的长度与量尺有关

　　分形（fractals）起源于对于长度的量度所产生的问题。以图 32 如雪花般的曲线的长度测量为例。

　　假设你仅有的一把尺，令其长度为 1，用它来量图 32，会得到曲线的长度（图 33）。因为量不到微小转折，所以得到的长度为 12。但如果你有原来尺 $\frac{1}{3}$ 长的尺，则可以量到部分的转折（图 34）。

因此你得到的长度为 $\frac{1}{3} \times 48 = \frac{4}{3} \times 12$。如果再用更短的尺，你量的曲线长度，预期又会不一样，我们因此得到一个结论：曲线的长度与量尺有关。

图 32　　　　　　图 33　　　　　　图 34

你的第一个反应可能是，用较长的尺因为量不到细微的转折，所以得到的只是估计值，本来就有误差。这是精密度问题，没啥新鲜。你的想法完全正确！不过如果数学家芒德布罗（B. Mandelbrot）也如此想，不再仔细研究，就不会有近二十年来分形理论的蓬勃发展！

科赫曲线

极限的概念在 19 世纪后，人们已习以为常了。所以，把上一段所谈到的例子推至极限的情况，对数学家来说，是个很自然的"本能反应"。德国数学家科赫（Koch）就提出建构曲线无穷迭代的方式。首先取一个正三角形（图 35）。

将三角形的每一边三等分,取中间那一等分做一往外凸起的正三角形,然后擦去原来中间一等分,得到如(图36):

　　图36总共有12条线段,将每条线段重复上述的动作,我们得图37。

图 35　　　　　　　　　图 36　　　　　　　　　图 37

对图37的48条线段再重复上述动作,如此迭代无穷多次,所得到的曲线称作科赫曲线,图32就是其近似图形。这无穷多次迭代后所得的曲线的长度为何? 假设原来三角形的边长为3,读者很容易算出科赫曲线的长度为

$$\lim_{n \to \infty} 3 \times \left(\frac{4}{3}\right)^n = \infty$$

　　没错,是无穷大! 不过无穷大也不是多吓人,只是它不实用。譬如我们会说这东西比那东西长,这东西比那东西小等等。可是如果有些曲线只知道它们都是无穷长,就很难比较其长度。所以芒德布罗认为,对于科赫曲线这种形状的东西,测量其长度不具意义。但这些曲线的面积都为0,也不具意义。欲得到一个有意义、可以用来比较大小的测度,必须将科赫这一类曲线视为介于一维(可以用长度来测量)与

二维（可以用面积来测量）之间的几何体，它的维度大于 1，小于 2，不再是整数。芒德布罗将之统称为 "fractals"，中文翻译成 "碎形"（取 fracture 含义）或 "分形"（取 fraction 含义）。

二维的几何体，其大小（面积）与一维尺度的平方成正比；维度为 D 的分形，其大小与一维尺度的 D 次方成正比。科赫曲线的分形维度 D 为何？我们取图 32 雪花的一边来分析。

如图 38 两个相似的科赫曲线，其一维的尺度相差三倍，因为图 38 (a) 可以分为成四个完全相等于图 38 (b) 的图形，所以图 38 (a) 的大小应该是图 38 (b) 的四倍，亦即 $3_D = 4$

$$所以 D = \frac{log\ 4}{log\ 3} \approx 1.26$$

亦即科赫曲线的分形维度约为 1.26。在这个维度来测量，就可以比较其间的大小。

分形之美
老实讲，非整数维度的几何及其相关的测度、分析等，

(a)　　　　　　　　　　　　　　(b)

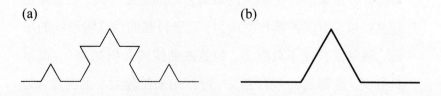

图 38

一般人最多只觉得新鲜一下，除了数学家外，很少人会对它感兴趣。显然，分形能够如此风行，必另有其魅力。

　　分形的无比魅力隐藏在分形图案之中。分形图案有如百听不厌的音乐，优美的主旋律在繁复的变奏中反复出况。繁复的变奏保持新鲜刺激，而熟悉的主旋律令人不致迷失。图39 到图 43 为有名的芒德布罗集（Mandelbrot set）及其局部的放大图。它的边界就是最具代表性的分形。各个尺度的放大图案变化无穷，然而葫芦状的本体，不断地出现在边界各个尺度的放大图中。

　　分形的魅力建立在其特有的两个性质：无穷的结构与自我相似性。亦即放大至任何尺寸，它都仍然具有曲折多变的面貌，而且各个尺寸的图案间都具有相似的性质。这两个性质很容易从科赫曲线看出来。

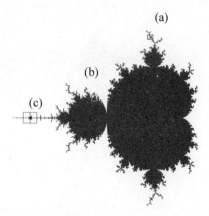

图 39　芒德布罗集

　　一幅优美的图画，如果只有特殊天分的画家才能画得出来，例如埃舍尔（Escher）的画，人们恐怕也止于欣赏与赞叹。魅力无穷的分形能够风行尚借助另一项特色。虽然分形的数学性质困难，非数学家难以驾驭，但是利用电脑制造漂亮的分形，却是轻而易举的事。一个人只要学过高中数学，

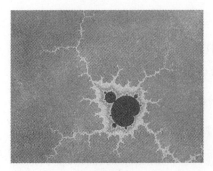

图 40　图 39 (a) 框放大图

图 41　图 39 (b) 框放大图

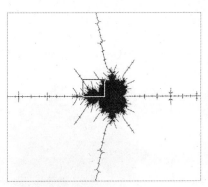

图 42　图 39 (c) 框放大图

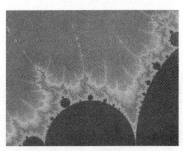

图 43　图 42 方框的放大图

又会一点简单的程序语言，

就可以遨游于美丽的分形世界！例如下面简单的例子就可以

制造出超乎你能想象、相似又多变的分形。

　　先随便选择一个复数$c = c_x + ic_y$，然后再选择一个复数

$$z_0 = x_0 + iy_0，计算$$

$$z_1 = y_0^2 + c$$
$$= (x_0^2 - y_0^2 + c_x) + i(2x_0y_0 + c_y)$$

得到z_1后再计算$z_2 = z_1^2 + c$。如此反复直到$z_n(z_{n-1}^2 + c)$的绝对值大于 1000

$$|z_n| = x_n^2 + y_n^2 > 1000^2$$

才停止计算。记下z_0的坐标与 n 的值。然后用相同的 c 值选择另一个z_0，做上述的计算，再记下其相对应的 n 值。如此反复选取复数平面上某一区域的点的值并记下它们相对应的 n 值。然后将具有相同 n 值的所有z_0点涂上一个共同颜

```
cx = −0.7454
cy = 0.1130
do        i = 1,1000          x0 从 − 2 扫描到 2
          x0 = − 2 + 0.004×i
do        j = 1,1000          y0 从 − 2 扫描到 2
          y0 = − 2 + 0.004×j
          x = x0
          y = y0
          n = 0
          do  while (x² + y² < 1000²  and  n < 100)
              n = n + 1
              t = x² − y² + cx
              y = 2xy + cy
              x = t
          end do
          color = set_color(n)        用 n 值来设定颜色
          draw_point(x0, y0, color)   用所设定的颜色在 (x0, y0) 出画点
end do
end do
```

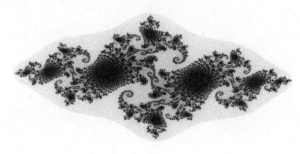

图 44

色，不同 n 值的点用不同颜色，就可以看到一幅漂亮的分形图案。例如 c 值若取为 $c = 0.7454 + 0.1130i$，则得到图 44，当然颜色可依个人喜好自订。

　　将上面的计算步骤用程序写出来，非常简单，以类似程序的程式语言来写，其结构如上：改变颜色的设定方式（即程式结构倒数第 4 行）就可以得到不同的色彩效果。例如若 n 为偶数与奇数各用一个色系，就可以得到色彩不同于图 44 的效果。若选择不同的 c 值就可以得到截然不同的分形。读者若知道如何利用程序设定颜色与画点，马上就可以开始你的分形艺术之旅了！

阿林谈微积分（上）

□曹亮吉

下了车，小华绷着惨白的脸："这是什么鬼路！弯弯曲曲的，车子转来转去，身子就跟着左摇右晃。又是一下子走，一下子停，把人搞得前仰后合的。哎呀！我差一点就吐出来了。"

"不对，不对，什么前仰后合的，应该是后合前仰才对。"小明嘻嘻哈哈地说着，他是最不会晕车的。

"你说什么？这又有什么不同？"

"不同，不同，当然不同！车子一开动，人应该往后倒；车子一停，人应该往前倒。所以应该是后合前仰才对。"

"贫嘴。"小华嘟着嘴，无可奈何地说。

阿林看到小明咽了一口口水，一副又要说话的样子，忙着打圆场："好了，好了。今天是出来郊游的。再吵下去，兴致就给你们弄光了。快走吧！"

转过一段公路，登上了蜿蜒的山径，走了一个小时。只见一块巨石从茅草中突出。阿林说："我们爬上去休息。这就是我说的'观景石'。"

好不容易才把小华拉上那块石头。只见丈高茅草从身旁一直延伸到山脚，细长的公路成了界线。过了公路，则是一畦畦的稻田，绿油油的，一直漫延到对面的山脚边。小华拍手叫着："天气好好哦！那边一块一块的稻田都看得清清楚楚。绿油油的一片，今年一定丰收。"

"你懂得什么！怎么知道一定丰收？你连那里有多少块稻田都搞不清楚。"小明挑衅地说。

"那还不简单。横的这边有六块，直的那边有四块。唔！不对，三块。第四排并不全。"（如图45）

"不全也要算呀！难道非得四四方方的才算是稻田？"

"那怎么算？有的是半块不到，有的大到快成一整块，还有第五排，大部分的恐怕连四分之一块都不到呢！你说怎么算？"

"用微积分可以算出来！"

图45

"怎么算？"

小明无助了，望着阿林。昨天阿林拉着他，硬要把微积分的神妙告诉他。小明想着赶一场电影，哪里把阿林的"演讲"听进去。他只约略听到一条曲线下的面积可以用画格子的方法来算，那就是微积分。所以当他看到稻田一块一块地排着，就像昨天阿林画在纸上的一样。他就冲口说出可以用微积分算的话来。他有点后悔，不该说溜嘴。又后悔没好好听阿林的"演讲"，否则今天就可以向小华炫耀一番。这时候的阿林仿佛佛光高照，满脸微笑，瞧着小明："怎么样！后悔了吧！"

经小明、小华的要求，阿林开口了，滔滔不绝，恨不得把一肚子的微积分全吐出来：

其实微积分是微分和积分的合称。刚刚你们吵什么身子左右晃动，前仰后合都是因为车子的速度有了变化的缘故。我们这个世界是动态的，地球环绕太阳而转；地球上风的吹送，四季的轮换，潮汐的升降没有不是动的，甚至一个人睡在床上，他的血液还在循环。就连微小的电子，基本粒子，它们都是不断地以高速在运动着。位置的变化就是速度，速度的变化率就是加速度。研究这些变化率的就是微分。至于求面积的方法则是积分研究的对象。

那么为什么要把微分和积分扯在一起呢？这得谈点历史了。

每个人都知道微积分是牛顿和莱布尼茨发明的。但积分的观念却源远流长，可以追溯到公元前 3 世纪。通常微积分课本都是讲微分然后再讲积分。而事实上，微分也比积分来得容易。可是历史的发展却正好相反：人们先考虑积分的问题，然后才考虑到微分的问题。

公元前 3 世纪左右正是希腊数学鼎盛的时候。前有欧多克索斯（Eudoxus），接着有欧几里得，然后由阿基米德集其大成。他们用一套穷举趋近法（Exhaustion）算出了许多图形的面积，几何体的体积以及曲线的长度。譬如阿基米德首先算出圆的面积和圆周的长度，也就是说圆周率的近似值。他还算出球体的体积和球面的面积，椭圆形的面积、圆柱、圆锥的面积和体积等，他所用的方法就是传统的穷举趋近法。但事实上这种穷举趋近法的极限值，是很难计算的，有人不禁要怀疑他是怎样得到结果的。我们知道阿基米德也是静力学和流体力学的鼻祖，他很漂亮地把杠杆原理应用到某些圆形上，而计算出这些圆形的面积。

"杠杆原理和面积又可以扯上关系？"

当然啰，这就是阿基米德伟大的地方。

从阿基米德以后虽然也出过伟大数学家，但是很少有人继承他的工作。一直到 17 世纪初，他的求积观念才再度被重视，被研究。

文艺复兴以后，物理学方面有了迅速的发展。其中最值得一提的就是开普勒（Kepler）的行星运行三定律和伽利略（Galileo）的落体运动。由于对于物理世界深入探讨的结果，发觉为了研究这个动态的世界，我们往往需要采用某些数量的变化率。而在几何方面，复杂曲线的研究往往从曲线的切线着手，而切线正代表曲线的变化率。这两方面发展的结果逐渐成了微分学。

在牛顿、莱布尼茨以前，所有有关面积和变化率的探讨大概都是个案的，没有统一简便的方法。直到他们的手中，微分和积分才有了系统化和符号化的研究，同时他们更发现微分和积分大体说来是互为反运算的，就像乘法和除法一样，相互间有密切的关系。这个发现使许多观念得以澄清，许多计算得以简化，而且使微分和积分的运用大为推广。这就是为什么我们把微分和积分合在一起而称为微积分的缘故。

"这么说来，微积分并不是在他们手中无中生有的了！"

"当然，任何发展、任何发明都不是无中生有的。牛顿说过：'我不过是站在前人的肩头上而已。'这句话是相当有道理的。好了，说了这么多。我们先去玩玩，回去后再把微积分慢慢告诉你们。"

第二天，小明和小华按捺不住好奇心，相约一起去找阿林。

小华抢着说道："怎么用积分来算稻田有多少块呢？"

阿林拿着笔在白纸上画了一条直线说道："这就代表那条公路。"接着又画了一条曲线代表山脚边，然后把田地也都画出来了。

"标有 1 号的田地是整块的，而标上 2 号的田地都不是整块的，所以照这个图来看，稻田的个数应该在 21 块到 28 块之间。嘿！小明有什么问题？"（如图 46）

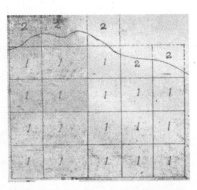

图 46

"这就是微积分了？这样算面积谁都会的。"

"不错，一块一块算出它的面积就是求积分。积分本来并不是什么深奥的东西。至于微分，那是求一个函数的变化率，这部分以后再谈，我们现在先谈谈积分。"

"那么我们要微积分——不，积分干吗？"

"积分就是用来求面积。你已经在求面积了，怎么说积分没用呢？"

"不是！"小明急辩道："我是听说积分有很多学问，是很难的东西。但照你这么说，好像只是简单算算它有几块田地而已。这是连小学生都会的呀！"

"对啦！这才是你要问的问题，是不是？"阿林慢条斯理地："其实你刚才问的也不错，积分还有很多其他用途，不光是算面积而已。这点待会再讲。先回答你目前的困惑。就从你最初的话谈起。你说，到底田地面积是多少？"

"不是二十一块到二十八块吗？"

"是的，但这不够精确。我问的是'到底'有几块？"

"这就是你认为积分'很有学问'的地方了。通常我们能算的面积都是正方形、长方形，或多边形等。这些图形的周界都是由直线的一部分围成的。但如有一边不是直线，而是曲线，问题便不简单了。你说该怎么算？”

“是呀！该怎么算？”

“这就是积分的问题了，就是我们要分田地的缘故了。那些不靠曲线的都是小方块，而方形的面积是可以算的……”

“但你刚才不是说，这不够精确吗？”小明忍不住插嘴。

“对的，但我们可设法弄得更精确些。我们可以把一块田的每一边分成两等分而得到四片田地。这样刚才一些靠边不是整块的部分，又有一部分属于小方块。于是这次小方块的总面积就更靠近实际面积。如此这般，当我们把田地分得越细小，所算出的面积就越精确。求面积的整个观念就是这么简单。”（如图47）

小明想了一想说：“那么我们有没有办法算出真正的面积来呢？”

阿林皱了皱眉头：“这个问题可大了。首先我们必须弄清楚什么叫做一块土地的真正面积。譬如一个以1米半径的圆形土地，它的面积是圆周率乘上半径的平方，也就是平方米。那么用实际数字表示出来是多少呢？”

“3.1416。”小华抢着说。

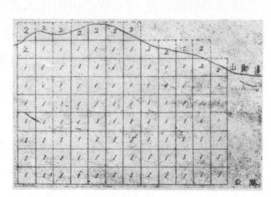

图47 分成小块田地示意图

"你呢？"阿林望着小明。

小明想了一下，说："我只能说 3.14159……但点点是什么我就不知道了。"

阿林笑了笑说："怎么样？问题不简单吧，就是最常见的圆面积也不能用一个较简单的整数，有限小数或循环小数表示出来。这三类较熟悉的数叫有理数，而圆周率却属于'无理数'，是个不循环的无限小数。我们虽然理论上可以算出任何位的正确小数来。"

"那么，圆周率到底是怎么求得的呢？而圆的面积又该如何计算呢？"

"圆周率的求法有很多种。现在我们既然在谈面积，我们就用穷举趋近法来求圆的面积。如果这个圆的半径是 1 米，我们求出圆面积便等于求出圆周率了。"

"是不是用像刚才画格子的办法？"

你可以用那种方法。但因为圆是个太规则的图形，我们可用更巧妙的办法——我们可用正多边形的方法来趋近它。

假定我们做了圆内接正四边形和外切正四边形（如图48）。

显然，圆面积一定介于这两个正方形之间。外切正四边形每边长 2，所以面积（叫它 P_1）是：$P_1 = 2^2 = 4$ 内接正四边形每边长为 $\sqrt{2}$，所以它的面积是 $q_1 = (\sqrt{2})^2 = 2$，于是圆面积（叫它做 S）一定大于 2 而小于 4，即 $q_1 < s < p_1$，但这样不太准确了。如果我们把四个圆弧中点作切线或弦，我们系得内接与外切正八边形（如图49）。

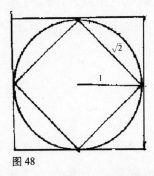

图 48

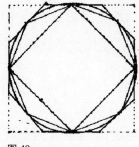

图 49

你看，内接八边形的面积一定大于内接四边形的，而外切八边形的却小于四边形。事实上，我们可算出外切八边形面积 P_2

$$P_2 = 8 (\sqrt{2} - 1) \approx 3.312\cdots\cdots$$

及内接正八边形面积 q_2：

$$q_2 = 2\sqrt{2} \approx 2.828\cdots\cdots$$

照这样算下去，我们继续求十六边形，三十二边形等，但无论如何，圆面积一定大于内接多边形而小于外切多边形。于是我们有：

$$q_1 < q_2 < \cdots\cdots < q_n < \cdots\cdots < S < P_n < \cdots\cdots < P_1$$

这样，对应于每个正整数 n，就有个实数 q_n，我们就说

$$\{q_1, q_2, \cdots\cdots q_n\} = \{q_n\}$$

是一个数列。同样，$\{P_n\}$ 也是个数列。n 愈大，P_n 与 q_n 愈接近，当然更接近夹在当中的真正圆面积。我们就说 P_n 与 q_n 趋近 S，或用数学式子写这句话：

$$\lim_{n \to \infty} P_n = \lim_{n \to \infty} q_n = S \ (= \pi)$$

而说这两个数列是收敛的（Convergent），其收敛值为 S。用这种穷举趋近法，我们便可得到一个数值，这便是我们所要的'真正面积'。

反过来，如果我们先只有两数列 $\{P_n\}$ 及 $\{q_n\}$ 满足

$$q_1 < q_2 < \cdots\cdots < q_n < \cdots\cdots < P_n < \cdots\cdots < P_2 < P_1$$

同时 q_n 和 P_n 可以任意接近，我们就说数列 $\{P_n\}$ 及 $\{q_n\}$ 决定了一个实数。在上面这个例子中，被决定的实数就是圆周率 π。

因此我们要了解积分，必先了解实数。部分的实数（有理数）是较熟悉，但另一部分则不常见。事实上，实数观念是纯抽象的。经过了几千年的努力，人类才能对实数作有系统的研究，从正整数到分数到零和负数，最后到实数，每一观念的形成都要经过几百年甚至几千年之久。直到 19 世纪下半叶才有数学家对实数做了严格的定义。其中的一种定义就是前面所说的两数列决定一实数的方法。

我们从'真正面积'谈到数列，数列的收敛以及实数，

这似乎扯得太远。但是为了懂得什么是真正的面积以及怎样计算它，这些观念是不可少的。"

"可是每次这么算，不是太复杂么？"

"不错，这正是积分观念由来已久而其应用最近才普遍的缘故。这是因为直到牛顿与莱布尼茨发现积分是微分的反运算后，才有较简洁的算法。"

"别扯太远了，还是来谈面积吧！"

阿林想了想，说："好吧，现在我们就来看看阿基米德考虑过的一个算面积的例子。从这个例子，我们也可看出'真正面积'应该是什么。"

阿林画了一个图 $f(x) = X^2$：

"这个函数画出来的图形，叫做抛物线。我们要的是算曲线下斜线部分的面积。"（如图 50）

"抛物线？"小明联想到丢石子的轨迹："这个面积是什么意思？"

"哦！我该先提一些积分的应用以及通常求积分的方式。积分是求面积，但我们可把这个'面积'的意义扩大。好比班上有五十位同学，在一次抽考中，50 分到 60 分五人，60 分到 70 分有二十人，70 分到 80 分有十五人，80 分到 90 分十

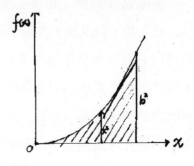

图 50

人，我们可画成如图 51 的图形。"

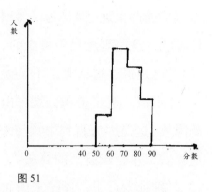

图 51

"那么楼梯形'曲线'底下的面积便可用来表示人数。譬如我们要知道有多少人及格，只需算在 60 分右边的总面积便成。"

"在这里，分数是以 10 分为一级，人数也不够多，所以曲线是一条折线，如果在大专联考，人数上万，分数又算到小数点两位数，画出来的曲线便很平滑，可能如图 52。"

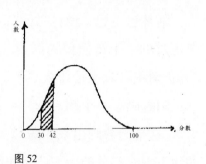

图 52

于是如果我们要知道 30 分到 40 分有多少人，我们只求斜线部分的面积便成了。

类似这样的例子很多。如果把分数（即横轴）改为年代，把人数（即纵轴）改为当年的出生人口，那么斜线的面积便代表某年到某年出生人口的总数。又如横轴代表时间，纵轴代表一个商店当时出售货物的数量，面积便是代表某段时间内总共卖了多少东西。横轴代表离家距离，纵轴式代表你走到那儿淋雨的多少，面积便代表落汤鸡的程度等。"

"哦！难怪积分有这么大的用途。"

"当然，从物理、化学到生物，乃至于商业、经济、社会等，都会用到。只要我们研究的对象，有些性质（可用数量表示出来）会因时间、位置或其他因素而变化，我们就说得到一个函数。函数告诉我们，在某一时间（或地点或其他因素）该性质的数值。积分后便是某段时间（或距离等）的总数值。"

"科学的研究便是经常将对象的性质拆成一小片一小片各求其值。要知道整体的效果，只要把它全部加起来，这就是积分。"

"我们又扯太远了。还是回到阿基米德的例子。现在我们可知道一条抛物线也许代表某种数量因时间或地点而变化的关系，因此求面积便是求某个总数量。让我们就来算斜线部分的面积。"

阿林再拿起笔来，重新画一个图：

"就像算田地的面积那样，我们画些格子……"

"但这次你画的并不是正方格子。"

"那无所谓。画格子的只是用来算面积。长方格子我们照样可算它的面积，我们甚至可画梯形，如图53。

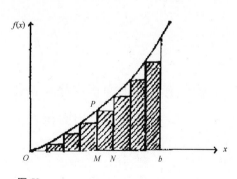

图53

$$梯形（斜线部分）=\frac{[f(b)+f(a)](b-a)}{2}$$

或者画成任何其他形状，而且也不必平均分成几份（可以有些格子宽、有些窄）。只要分出的形状是可以计算出面积的，而且可以继续细分，使格子总面积趋近曲线下面积便行。

但现因我们要求出一个易于计算的公式，我们就把 Ob 平均分成 n 等分，每一小段的长度便等于 $\frac{b}{n}$。那么每个长方块，譬如 $MNQP$ 的面积是多少呢？"

"是 PM 乘 MN。"

"不错。但 PM 多长？ MN 多长？"

"MN 长 $\frac{b}{n}$，但是 PM……"

这就是我们要用 $f(x)=x^2$ 函数的理由了。因为我们可以用这个函数求出 PM 值。假定 M 是第 K 个分点，即 M 点坐标 $\frac{k}{n}b$（为什么？），你很快便可算出 MP 长 $(\frac{k}{n})^2b$，而长方形面积就是：

$$\frac{b^3}{n^3}k^2$$

把所有长方形面积加起来（就是让 K 分别等于 1，2，…$n-1$），我们便可算出面积 P_n 等于：

$$P_n=\frac{b^3}{n^3}1^2+\frac{b^3}{n^3}2^2+\frac{b^3}{n^3}3^2+\cdots\cdots+\frac{b^3}{n^3}(n-1)^2$$

$$= \frac{b^3}{n^3} \left[1^2 + 2^2 + \cdots\cdots + (n-1)^2 \right]$$

$$= \frac{b^3}{n^3} \left(\frac{n^3}{3} - \frac{n^2}{2} + \frac{n}{6} \right) b^3$$

$$= b^3 \left(\frac{1}{3} - \frac{1}{2n} + \frac{1}{6n^2} \right)$$

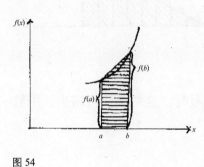

图 54

正如算圆面积时，同时用内接及外切多边形一样，在此我们也可用下列长方形分法：如图 54 不同的是这次面积都比曲线面积大。你可以用同法算出所有矩形面积和为：

$$q_n = \frac{b^3}{n^3} \left(\frac{n^3}{3} + \frac{n^2}{2} + \frac{n}{6} \right) = b^3 \left(\frac{1}{3} + \frac{1}{2n} + \frac{1}{6n^2} \right)$$

显然，我们有：

$$P_1 < P_2 < \cdots\cdots < P_n < \cdots\cdots < q_n < \cdots\cdots < q_3 < q_2 < q_1$$

而且

$$\mid q_n - P_n \mid = \frac{b^3}{n}$$

"当 n 很大时，P_n 和 q_n 便可任意接近。所以数列 $\{P_n\}$ 和 $\{q_n\}$ 便决定了一个实数，这个实数就是曲线下的'真正面积'。"

"那么，它到底是多少呢？"

"这就要算 P_n 或 q_n 的收敛值了。当 n 很大时，$\dfrac{1}{2n}$ 和 $\dfrac{1}{6n^2}$ 就很小，可以小到比任何你说的固定正数都小，

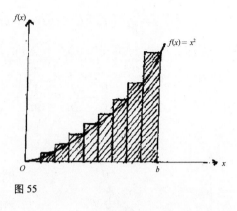

图 55

也就是无限靠近 0。于是在极限时，这两项便可略去，用数学式子来写：（如图 55）

$$\lim_{n\to\infty} P_n = \lim_{n\to\infty} \left\{ b^3 \left(\frac{1}{3} - \frac{1}{2n} + \frac{1}{6n^2} \right) \right\} = \frac{b^3}{3}$$

$$\text{同样} \lim_{n\to\infty} q_n = \lim_{n\to\infty} \left\{ b^3 \left(\frac{1}{3} + \frac{1}{2n} + \frac{1}{6n^2} \right) \right\} = \frac{b^3}{3}$$

两者都是 $\dfrac{b^3}{3}$，于是曲线下的面积便是 $\dfrac{b^3}{3}$ 了，这就是阿基米德远在积分和微分的关系被发现前便算出的公式。"

"它还是很麻烦嘛。"

"不错。微积分发展后，我们就有较简单的方法来计算。但麻烦也有点好处，我们可从过程中发现积分的真正意义。如果只会简单方法，很可能你只学到公式化的计算，只会解书本上的习题。遇到许多实际的问题，需要你去理解、分析，你便可能不知所措，缺乏创意了。"

"好了，今天我们已谈得很多了，关于那种较简单的求积分法，我们得先了解微分的内容。而微分本身就是一门大学问，不是三言二语可以说完的。我们留待下次再谈罢！"

阿林谈微积分（中）

□曹亮吉

又是个郊游的好天气。山坡几丛野花把绿色草坪点缀得更热闹，远远望去，向阳的青山鲜明地凸在浅蓝的天际，两三朵白云悠闲地飘浮着。

坐在车窗位置的小明贪看得出神，小华却又叽叽呱呱的："这条路好多了，车子开得又快又平稳，不像上次前仰后……哎呀！"猛然来个紧急煞车，把他还没讲完的话一并煞住了。

一直到了目的地下车，小华还在嘀咕："开那么快，也不注意一下，这实在太危险了……"

"开得快就危险吗？那你下次干脆坐牛车算了。"小明不耐烦了。

"速度快当然危险。"

"速度快就危险吗？"阿林忽然开口了，"譬如你在房间慢慢走，是不是就安全？"

"当然喽！"

"但假若你是在特快车的车厢里慢慢走呢？"

"那就危险了。"

"为什么呢？你不是同样地慢慢走吗？"

"因为人在火车里，火车动得快。"

"在动得快的东西里就危险吗？"阿林顿了一下："你知不知道地球在动——就是说在自转？"

两人都点点头。

"房间是连在地球上的，就好比车厢是连在火车上。地球转得那么快，那么人在房间里慢慢走岂不是更危险吗？"

"可见速度快不一定就危险。喷射机比火车还快，却很安稳。"

"但是一出事就危险了。"

"对啦！关键就在于'出事'。"阿林正要滔滔不绝地讲下去，忽然看到一只蝴蝶飞过去，顺着目光，一群学生正在不远的一块草地上玩团体游戏。"哎！回去再谈吧。这么好的景色……"

当天晚上，阿林对着两张充满问号的脸孔："问题在于'变化'两个字。速度快并不危险，危险出在速度骤然变化，好比飞机撞山，瞬时由高速停下来，那就危险了。今天上午紧急煞车便是如此。地球虽在转动，速度很快，可是……"

忽然有个问题闪进小明脑海："地球转这么快，我们怎么不知道呢？这么说来快慢并没有一定标准？"

"问得很好！我们必须先了解速度是怎么回事。让我们从头讲起，什么叫速度？"

"速度就是单位时间的位移。"小华背起教科学。

"什么叫单位时间？什么叫位移？"

小华呆住了。

"不要紧张。现在不是在考试，不用背那些生硬的专有名词，重要的是要了解观念或真正意义。让我们先看看，一提起速度，你会联想到什么？"

"有东西在动。"

"对啦！这就是重点所在。东西要动，才有速度。事实上，速度就是量'动'的大小与方向。那么，什么叫做'动'呢？"

"动就是动啊！"小华茫然不解地应着。

"哈！你一定没搞清楚我在问什么……"

"动就是在动嘛。这样简单的东西有什么好问头的？"小华涨红了脸争辩。

"这正是我们平日对熟悉事情习焉不察的毛病。事实上，'动'的观念，是由三个更基本的观念组成的。如果只是模模糊糊知道什么是'动'，并且很满足地认为太粗浅，不值得细思，就不可能想到这三个更基本的观念。"

"是哪三个？"

"这三个是'空间'（或位置）、'时间'及'变化'。东西在动，表示它在'空间'上的位置随'时间'而'变化'。空间和时间的研究，是物理学家的事，我们不去管它。我们只需知道，在讨论变化时，位置是相对于哪个空间系统——比如说，是相对于火车？相对于地球表面？相对于太阳？等等？就是说我们要先选一个参照系。"

"哦！我知道了。刚才的毛病是出在参照系的问题上。"小明豁然开通了。

"正是如此。现在我们已选定了一个参考系统，我们就可研究位置因时间变化的情形。"

"为什么专讨论因时间而变化的情形？"

"问得很好。事实上，我们只要研究变化，至于因什么而变化，那是无关紧要。只因我们是在讨论速度，所以说是因时间而变化。

因此，我们要研究的只是某个量因另个量而变化的情形。一个量 f 因另个量 x 而变化，便是所谓函数 $f(x)$。于是，在研究'速度'中，我们把一些实在的物理观念，如空间位置，时间一并除去，而改用较抽象的函数、自变量来代替，速度的研究便转为函数的研究。这种抽象化的方式，是数学的精神之所在。抽象化过的东西，虽较不直觉，但具有更广泛的应用。

闲话少说，我们就来研究函数的变化吧。为便于研究，最好还是把它画出一个图形——函数图形来。你知道怎么画吗？"

"把 x 当作横轴，$f(x)$ 当作纵轴、垂直相交，就像解析几何中的笛卡尔坐标。"小华抢着回答。

"一点不错，正是解析几何中的坐标。事实上，微积分和解析几何的关系异常密切。在历史上，也是笛卡尔发明了解析几何，使函数可用曲线来表示，才有微分学及微积分的发展。

现在让我们从变化来看看各种函数图形。最简单的情形就是不变化，即函数的值固定——这等于空间的位置不变，就是说不动。因此变化量，或速度便等于0。"（如图56）

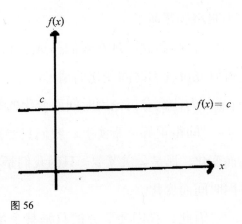

图56

"次简单是变化率固定。如果它在增大，便一直用相同的比率增大。在实例中，这便相当于等速度。倘若变化率是 k（速度大小是 v），自变数从 0 增为 x（等于过了 t 时间），函数值便增加 kx（等于移了 vt 的距离）。如果开始（$x = 0$ 时）函数值为 b，则函数可写成：

什么不是数学

$f(x) = kx + b$（如图 57）

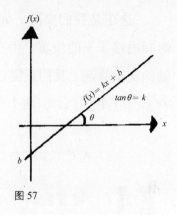

图 57

"看到了吗？这也是条直线。在解析几何中，k 是这条直线的什么呢？"

"斜率。"两人争着回答。

"不错。在解析几何中，斜率是怎么求呢？"

"这就等于 k 啊！"小明奇怪了。

"k 等于 $\tan\theta$。"小华说。

"我问的是更原始的求法。"

"哦！我知道了。它是等于高和底之比。"小华在图上画了两个线段，标明 x 和 y：

"斜率 k 便是 $k = \dfrac{y}{x}$。"（如图 58）

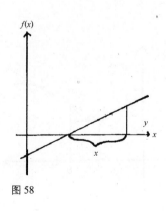

图 58

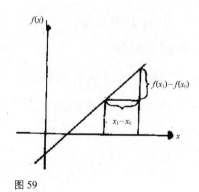

图 59

"这正是我们要的。如果回到速度例子，这便等于在 x 时间内移了 y 的位置。但在这里，我们用不着从 $f(x)$ 和 x 轴的交点算起。我们只需任意取两点，如 x_0 和 x_1，相对的便有 $f(x_0)$ 和 $f(x_1)$，两个长度相减，显然得到相同结果：

$$k = \frac{\left[f(x_1) - f(x_0) \right]}{(x_1 - x_0)} \text{（如图 59）}$$

"好了。接着我们可以研究更复杂函数的变化。譬如，函数是下列形状：如图 60

我们要如何讨论它的变化情形呢？显然，它的变化率是不一致的（如果一致，那就是直线了）。在直线、变化率等于直线的斜率，在曲线、有没有斜率这个观念呢？"

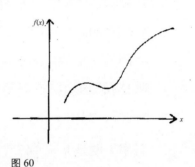

图 60

小明小华互望了一眼，又转回看阿林。

"我们可以从前面最后一个式子着手。我们照样找两点 x_0 和 x_1，那么：如图 61

$$\frac{\left[f(x_1) - f(x_0) \right]}{(x_1 - x_0)}$$

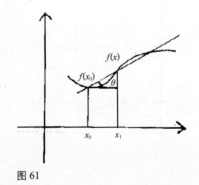

图 61

什么不是数学

便是过这两点直线的斜率，从图形可知，这条直线（叫割线）和曲线本身很接近。我们又知道，曲线变化率各点并不一致，只能先拿一点 x_0 来研究。因此我们把 x_0 固定，把 x_1 变动。显然，x_1 愈靠近 x_0，割线的斜率便愈接近曲线在 x_0 的变化率。

打个比喻：在速度的情形，要求出在一点的速度，该怎么算呢？速度是移动距离除以所需时间。如果这时间取得很久，算出的平均速度就会和那点的真正速度相差很多。时间愈短，平均速度愈靠近在那点的真正速度。当时间趋近于零时，这些平均速度的极限，便是那点的真正速度——叫瞬时速度。

因此我们可把曲线在 x_0 的变化率定义作：

$$f'(x_0) = \lim_{\Delta x \to 0} \frac{f(x + \Delta x) - f(x_0)}{\Delta x}$$

Δx 便是 x_0 和 x_1 的差。$\lim\limits_{\Delta x \to 0}$ 代表这差趋近于零，这就是说：我们依次取 x_1，x_2，x_3，$\cdots$ 愈来愈靠近 x_0（即 Δx 愈来愈小）。对每一个 x 和 x_0 可画出一条割线，割线有斜率。当 Δx 愈来愈小，终于趋近于 0，这斜率便是函数在 x_0 的变化率。同时你可看出，这些割线的极限位置便是曲线在 x_0 的切线。因此，函数在 x_0 的变化率，便等于曲线在 x_0 切线的斜率。"（如图 62）

"这一步骤叫求微分。我们便看到，求微分等于求函数

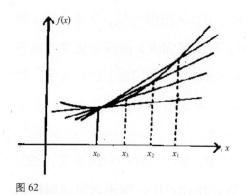

图 62

曲线的切线。"

"有问题。"小华忽然张直了喉咙："你说让 Δx 趋近于零。但零是不能当除数的呀！"

"这是个关键的问题，"阿林以嘉许的口吻："我只说 Δx 趋近于零，但并没说它等于零。"

"趋近于零和等于零不是差不多吗？"小华毫不放松。

"当然不一样。趋近于零的意义，是说我们先算出整个分数值：

$$\frac{f(x_0+\Delta x)-f(x_0)}{\Delta x}$$

再求极限。对不同的 Δx，我们依次算出各个分数值。Δx 虽愈来愈小，但分子 $f(x_0+\Delta x)-f(x_0)$ 也可能愈来愈小，整个分数值便可能都是有限值；而且当 Δx 趋近于零时，这些分数值便可能趋近于某一定值，这一个定值便是这些分数值串的极限，就是函数在 x_0 的变化率了。"

"但如果 $\Delta x=0$，分子 $f(x_0+0)-f(x_0)=0$，变成 $\frac{0}{0}$ 是没有意义的符号。这样一来，这数串便会变得没有意义。所以 Δx 决不能让它等于 0。趋近于零虽和等于零看来相差无几，却是'差之毫厘，谬之千里'的啊！"

"我明白了。"小华点点头，但紧接着又问："你刚才为什么说：'可能'都是有限值，'可能'趋近于零。为什么这么模棱两可？难道有例外吗？"

"你很仔细，"阿林赞道："事实正是如此。它们不一定会趋近于某个定值，可能变为无穷大，可能根本就不趋近某个定值。从图形看来，这相当于一个函数曲线不一定有切线。最简单的，如图63：

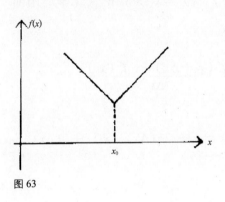

图63

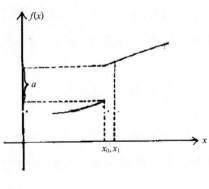

图64

由两个半直线构成。在 x_0 右边那一段，有一个斜率；在左边也有另一个不同的。因此在 x_0 那点，用以前的公式，把 x_1 取大于 x_0 得一个值，小于 x_0 得另一个值，此两值完全不同，显然不会同趋近于一个定值了。

"又如函数根本在 x_0 是不连续的。（如图64）

"你看，当 x_1 很靠近 x_0 时，Δx 便趋近于零，但 $f(x_1) - f(x_0)$ 却一定大于一个固定值 a，于是分数值便会变得很大，不会趋近于某个有限定值了。"

"所以函数不一定每一点都可求出变化率——用术语来说，它不一定可微分。事实上，要可微分的限制相当大。首先，这个函数一定要连续。即使连续，还不一定就可微分。刚才举的那个折线例子便是连续的。事实上，我们可找出一个到处是连续，却无处可微分的函数。"

"我整个都不很清楚。能不能举个实例算算？"小明问。

"好的，譬如我们来求 $f(x) = x^2$ 在 x_0 的变化率。用前面的公式：

$$f'(x_0) = \lim_{\Delta x \to 0} \frac{f(x_0 + \Delta x) - f(x_0)}{\Delta x}$$

今 $f(x_0 + \Delta x) = (x_0 + \Delta x)^2 = x_0^2 + 2(\Delta x)(x_0) + (\Delta x)^2$

$$f(x_0) = x_0^2$$

所以 $f(x_0 + \Delta x) - f(x_0) = 2(\Delta x)(x_0) + (\Delta x)^2$ 我们一定要先求出分数值，再求极限。所以先用 Δx 除上式，得

$$\frac{[f(x_0 + \Delta x) - f(x_0)]}{\Delta x} = 2x_0 + (\Delta x)$$

这时令 Δx 趋近于零。所谓趋近于零，就是非常靠近零，它和零的差可小于任何固定的正数。既然如此，我们可把它略过不计。因此 x^2 在 x_0 的变化率是 $2x_0$。"

"在这个例子中，我们可看出$\Delta x \to 0$也有实际功用。同法你可算出x^3为$3x_0^2$，x^4为$4x_0^3$……一般而言，x^n在x_0的变化率为nx_0^{n-1}。微分通常是个工具，而且是最有用的数学工具。一些基本运算必需熟练。"

"它有些什么用途呢？"

"哦！那是说不完的。我们从它的根本意义或基本的性质来说明它几个主要的应用。

"首先是它很容易算，譬如我们一看到x^n，那么它在x_0的变化率便是nx_0^{n-1}了。求变化率，又有很多美丽的性质，例如$f(x)$和$g(x)$都是可微分的，在x_0的变化率分别为$f'(x_0)$及$g'(x_0)$，则$(f+g)(x)$这个加起来的函数也必是可微分，其在x_0的变化率为$f'(x_0)+g'(x_0)$：

$$(f+g)'(x_0)=f'(x_0)+g'(x_0)$$

又把$f(x)$乘上个常数a倍：$af(x)$，一样可微分，变化率刚好是$af'(x_0)$。"

"这很显然嘛。有什么用呢？"

"如果你的'显然'是说它很容易从变化率的定义证明出来，那还差不多。但如果你以为所有运算根本就应有这个性质，那就不见得了。满足这两个性质的运算就叫线性运算。微分是线性运算，积分也是线性运算。你说线性是很显然的，那你会证明积分是线性运算吗？"

看看没有搭腔，阿林又继续："其实它还是很容易证的。

阿林谈微积分（中）

145

你有空自己试试看吧。线性运算用途大得很,例如求$3x^5 - 2x$的变化率,我们便可看成$3x^5$及$-2x$二个函数之和而分别求之;$3x^5$又是 3 乘上x^5,x^5我们已会求,$3x^5$便得出了。同法$-2x$也知道。这样,用线性我们可求出所有多项式函数的变化率。

"微分另有许多好的性质,这里不详举了。这些性质使微分变得很容易运算。因为它很容易运算,才会有极广泛的用途。"

"举个对比的例子,就可知道'容易运算'的重要。前次我们提过,积分也会有很多用途。但在微分和积分间的关系被发现以前,积分应用并不广,虽然早在公元前它已被发明,但一千多年来它几乎没什么进展。主要关键就在于它太不容易计算。一直到牛顿、莱布尼茨发现它和微分之间的关系,用它来找出些积分的方法,积分才突然广泛被应用。"

阿林谈微积分（下）

□曹亮吉

"微分和积分的关系是怎么回事？你好像时常提及。"小华忍不住插口。

"哦！因为这两者间关系的定理太重要了。本质上，微分和积分是逆运算，就好比乘法与除法互为反运算似的。表面看来，微分是求变化，求曲线的切线斜率，而积分是求面积，是一种和，二者仿佛风马牛不相及。如今却发现他们的关系竟是这么密切。这个发现本身便足以令人赞叹、欣赏，不但是意外发现的乐趣，其美妙的关联更如面对一幅名画，或聆听一曲交响乐。"阿林愈讲愈起劲了。

"到底是怎样的反运算关系？"小华就爱追根究底。"

"要回答这个问题，还是用个实例来说明，就清楚了。"我们已知道，x^3在x_0的变化率是$3x_0^2$——插一句话，这个变化率$3x_0^2$显然会因x_0的不同而不同。换言之，变化率还是x_0的函数，我们称作导函数。于是从任何一个函数$f(x)$，我们可以对应于另一个函数$f'(x)$或写作$\dfrac{df(x)}{dx}$，因此，$\dfrac{1}{3}x^3$的导函数便是x^2。但上次我们曾算过，把x^2从0积分列b的面积正是$\dfrac{1}{3}b^3$，这个b如变化，面积便也跟着变化，所以它也是个函数$\dfrac{1}{3}x^3$。于是一个函数，也可对应另一个"积分函数"。所谓"对应"，就是一种运算。你看微分和积分这两种运算正是互为反运算呢。就是说，把x^2先用积分运算，对应出一个新函数$\dfrac{x^3}{3}$，再用微分运算，使得回原先的函数x^2。同样，也可先作微分运算再求积分。

"这么一来，想求一个函数的积分，只需先看它是什么函数的导函数，便可算出了。"

"这还是不太方便啊！"

"不错。就计算上来说，积分远不如微分方便。在微分中，只要写得出式子，而且它的极限值存在，一定可算出它的导函数；可是许多简单的函数，它的积分函数都不易求出。举个最简单的例子：x^n的导函数是nx^{n-1}。这个n不但可以是1，2，3等自然数，也可以是0，负数，甚至分数或任何实数。但 x^n 的积分函数 $\dfrac{1}{n+1} \cdot X^{n+1}$（你自己证证这个式子），当 $n = -1$ 时便没有意义了（0 不能当除数）。"

"那么 $n = -1$ 时积分就不存在了？"

"当然不对。积分是求面积。我们如把这个函数 $f(x) = x^{-1} = \dfrac{1}{x}$ 画出来（是一条双曲线）：

$$f(x) = x^{-1} = \frac{1}{x}$$

显然，从 a 到 b 的斜线面积是存在的。"

"那到底怎么求呢？"

"求法还是得先找出 $\dfrac{1}{x}$ 是什么函数的导函数。这个积分函数已不是 x^n 的形式，它甚至不是多项式分式或带有根号、指数等的代数函数，而是个超越函数——对数函数 $\log x$。你看，一经积分，可把代数函数积出超越函数来。"

"这还算简单。有许多函数根本就找不出稍为熟悉的积分函数。遇到这种情形，就只好用各种近似法，或查表，或用电子计算机来算了。

"虽然如此，但毕竟积分还有路可循，而且常见的函数有一大半都可用微积分的关系来求出它们的积分函数。

"还有一个有趣的现象。积分后的函数可能愈来愈古怪，愈来愈'超越'；微分则恰好相反，它往往把'超越'或古怪的函数平凡化了。因此积分会造出许多新的函数出来，函数的领域便拓宽了，数学家可研究的材料便增多了。较易计算的微分便没有这个本事。"

更有趣的事是：微分虽然较易计算，但限制反而较大。可以微分的函数一定可以积分。但反之却不成立——许多能积分的函数却不能微分，因此两者虽是互为反运算，适用的条件却不一致。最简单的例子就是'阶梯函数'（如图65）：

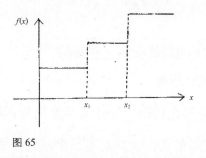

图65

"这种函数的面积显然存在，但在 x_1，x_2 点是不连续的，在那些点就不能求它的变化率——也就是不能微分了。连续的函数不一定可微分，但一定能积分——甚至不连续的函数有时都可积分呢！"说到这里，阿林停顿了一下。小明和小华听得正出神，一时整个气氛冻结成一团。"

"好了，微分的重要观念以及微分、积分间的关系已大致谈过了，你们有没有其他问题呢？"

小明摇摇头，一副饱饱倦倦的模样，正如刚吃下一席大餐，一时消化不了。"最好请你介绍些具体的应用，帮助消化吸收。"

"微分的应用太广了……"

"为什么它有这么大的应用？"阿林才开口，小华就插嘴了。

"这个问题很好。微分应用太广了，我正愁不知从何谈起呢。现在我们可以根据它'为什么'有重大应用的原因为纲目，来介绍它。"

小华得意地向小明扮个鬼脸。刚才他插嘴时，小明显得满脸不耐烦。

"首先是微分的根本定义：微分是研究变化的学问。我们这个世界是动态的，任何一种现象都会因时间而变化——动的车子，它的位置会随时间的变化，夏天的温度不同于春天，树木会长大，这个月的股票比上个月涨了，你喜欢的那个女孩子今天变得更漂亮，等等，所谓动态就是随时间而变化。既然一切都会随时间而变化，研究变化的微分学，便成为不可或缺的工具。"

"甚至静态的现象，例如空气的密度会随地点与高度而变化，地表在不同地点的起伏不同，一个弹簧拉远拉近，其作用力就有变化，也都会牵涉变化。从以上的分析不难知道，微分是所有科学的基础，只要那些科学所研究的对象，能够用数量表示。"

"举个更具体的情况，研究对象的性质，一受外来影响，很自然地会产生变化，好比推你一把，你就会动一动；用火烤烤，番薯就香了；战争停停打打，股票市场便随之波波动动等。科学家研究这些现象，首先要把研究对象的性质以及外来影响'数量化'，就是说各找出一个函数来。其次要找出性质变化和外来影响的关系，这等于发掘自然定律或法则，这样的定律通常是个方程式，包含了外来影响函数，以及性质函数的导函数（变化率）。这种包含微分的式子，便叫做微分方程式。多数的自然定律，都是以微分方程式的形式表示出来。"

"以上是由微分的基本定义，而介绍它可能在各门科学的应用。在数学本身，也有许多应用。最重要是由它和积分的关系，借它'容易计算'的性质，使积分成了一门极有用的工具。另一项重大用途，是函数曲线的研究。"

"一个函数曲线，如果只用代数的方法，我们通常只能求出它的根，即找出所有的 x，使

$$f(x) = 0$$

如果把函数图解出来，譬如它的形状可能如图 66：

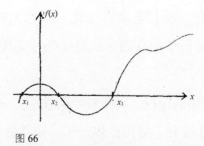

图 66

我们等于说只求出 x_1，x_2，x_3 等三点。至于这个曲线在其他各地的情形如何，我们完全不知，除非我们把每一点的值都算出来，但这显然行不通，因为有无数点呢！"

"但我们可以每隔一单位长度，求一次值。"小明建议说。

"这当然是个办法。但是太麻烦了——你通常要算 10 个数值以上，其次有时会行不通。譬如有个函数 $f(x)$，它在 $x = 0$，1，2，3 的位置如图 67：

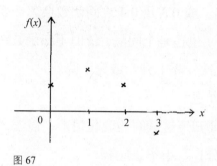

图 67

你说曲线应如何连起来呢？"阿林目视小明。

"这还不容易，它当然应该像 $f_1(x)$"，如图 68：

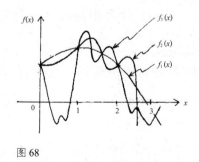

图 68

"你怎么知道它不在 1 和 2 之间弯一次，像 $f_2(x)$ 那样呢？或甚至弯若干次，像$f_3(x)$那样？"

"这个……这个……好像不太可能嘛！"小明被问住了。

"当然可能啊！有什么理由说是不可能？"

……

"可见分别求 1，2，3……的数值并不可靠。即使求 0.1，0.2……0.9，1，1.1……也未必可靠，它照样没有保证，反而增加一些不必要的罗唆计算。问题在于我们不知两点之间，譬如 1 和 2 间，或 0.3 及 0.4 之间函数会怎么变。即使再把间隔取得更小，也还是个间隔，依旧不知函数在这中间会不会上下跳跃几次？先上升？或先下降？"

"那怎么办呢？"

"你想，要知道这其间的变化情形，该怎么办？"

"用微积分！"小华急应着。

"对啦！变化的研究当然该用微积分，我们困难在于不知其间的升升降降，盲目地算出在 1，2，3 等固定的点是毫无意义的。我们该找出关键的几点……"

"我知道了，是不是该算出曲线从上升变成下降或从下降变成上升的那几点？"小华灵机一动。

"完全正确！"阿林十分赞许："这些点叫做函数的局部极大或极小点。现在问题是该如何去求它们呢？"

"用微分……"

"当然用微分。但要如何用法？"阿林停了一下，看看没有反应："给你们一些提示。在这些极大或极小点，函数的变化率是多少？或者说，切线的斜率是多少？"

"切线好像是平平的直线。"

"对啦！水平线的斜率是 0，就是说变化率为 0。想想看，变化率如果是大于 0，那表示函数值是愈来愈大，或者曲线是上升。（如图 69）

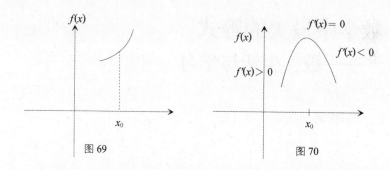

图 69   图 70

如果小于 0，就是函数值愈来愈小，或是曲线下降（如图 70）。现在是由升而降（或由降而升），显然不会是大于 0 或小于 0。只好等于 0 了。"

"所以，我们只需求导函数，算出这函数等于 0 的值，便就是所要的极大极小值了。算出这些值来，函数曲线便可连出来，不用担心其间会再曲曲折折了。"

说到这儿，看到小华用手掩住口，打了个哈欠。"好了，以上告诉我们如何用微分来研究曲线的一个例子。它当然还有其他更多的应用，可更正确告诉我们曲线的详情。但原理都差不多，我们不再详举了。以后有机会再谈罢。"阿林结束了他的讨论。

数学中最美的等式
——数、生活与学习

□ 单维彰

e≈2.71828 这个我们称为"第五常数"的无理数,在数学中非常重要,因为所有的次方计算x^y(其中 x 是个正数,y 是任意实数)都是通过它计算出来的。亦即$x^y = e^{y\ln x}$,其中 $\ln = \log e$ 是以 e 为底的对数。但是 e 的次方又该怎么算?那要通过微积分,靠着"提供无穷资源"的无穷级数来计算到任意需要的位数:

$$e^x = 1 + x + \frac{x^2}{2!} + \frac{x^3}{3!} + \frac{x^4}{4!} + \cdots\cdots$$

上述公式本来只代入实数的 x，但是，如果代入复数会怎样呢？这就是拓展指数函数的定义域到复数去。复数经常带来令人惊奇甚至惊艳的结果，例如二次多项式本来说没有解的，引进复数之后不但永远有解，而且一定有两个解。又例如以前所举的美丽图像和数学公式。如果 $a + bi$ 是一个复数：a 和 b 都是实数，$i = \sqrt{-1}$ 是单位虚数，则根据指数律 $e^{a+bi} = e^a \times e^{bi}$，其中 e^a 那一部分是旧的实数指数计算，所以我们只要探讨纯虚数的指数计算，就知道复数的指数计算了。

　　令 x 是个实数，我们习惯以 ix 形式写一个纯虚数的变数，"盲目地"代入前面的无穷级数：

$$e^{ix} = 1 + ix + \frac{(ix)^2}{2!} + \frac{(ix)^3}{3!} + \frac{(ix)^4}{4!} + \cdots\cdots$$

　　因为复数计算的交换律，所以，$(ix)^2 = i^2 x^2$，$(ix)^3 = i^3 x^3$，$(ix)^4 = i^4 x^4$，$\cdots\cdots$但是 $i = \sqrt{-1}$，所以 $i^2 = (\sqrt{-1}^2) = -1$，$i^3 = i^2 \times i = -i$，$i^4 = i^2 \times i^2 = (-1)(-1) = 1$。于是我们看到一种"周期"性：$i^5 = i^4 \times i = i$，$i^6 = i^2 = -1$，$i^7 = i^3 = -i$，$\cdots\cdots$这是读者们在高一时期玩得很熟练的把戏，这把戏的伟大应用就要出现了！

　　利用单位虚数次方的周期性，前面那个"盲目"代入的式子就可以变个样子，而不那么"盲目"了。我们多写几项备用：

$$e^{ix} = 1 + ix - \frac{x^2}{2!} - i\frac{x^3}{3!} + \frac{x^4}{4!} + i\frac{x^5}{5!} - \frac{x^6}{6!} - i\frac{x^7}{7!} + \frac{x^8}{8!} + i\frac{x^9}{9!} - \cdots\cdots$$

我们曾经问：为什么好端端地突然不用"度"来度量角，而要改成用"弧"呢？也曾说明是为了微分公式的简单（2007 年 5 月）。如果用弧作单位，则 $\sin\theta$ 的微分是 $\cos\theta$，再微分是 $\sin\theta$，微三遍是 $\cos\theta$，微四遍就回到 $\sin\theta$……前面所谓的"简单"，其实是一种"周期"性；而且，跟单位虚数的次方一样，也是每四次一个周期。这两种同步的周期，有一个深刻的关联，就发生在正弦和余弦函数的无穷级数上：

$$\sin x = x - \frac{x^3}{3!} + \frac{x^5}{5!} - \frac{x^7}{7!} + \frac{x^9}{9!} - \cdots\cdots$$

和

$$\cos x = 1 - \frac{x^2}{2!} + \frac{x^4}{4!} - \frac{x^6}{6!} + \frac{x^8}{8!} - \cdots\cdots$$

再观察 e^{ix} 的级数，看到奇数次方项都有单位虚数，偶数次方项都没有。把没有虚数的集合在一起，也把有虚数的集合在一起，并且提出共同项（也就是单位虚数），就是：

$$e^{ix} = (1 - \frac{x^2}{2!} + \frac{x^4}{4!} - \frac{x^6}{6!} + \frac{x^8}{8!} - \cdots\cdots) +$$
$$i(x - \frac{x^3}{3!} + \frac{x^5}{5!} - \frac{x^7}{7!} + \frac{x^9}{9!})$$

和前面 sin 与 cos 的级数比一比，这不就是 $e^{ix} = \cos x + i\sin x$ 吗？

如此一来，我们就将标准指数函数 e^x 的定义域，从实数拓展到了复数。美妙的事情之一，是棣美弗定律

$$(\cos\theta + i\sin\theta)^n = \cos n\theta + i\sin n\theta$$

就只是我们熟知的指数律：

$$(\cos\theta + i\sin\theta)^n = (e^{i\theta})^n = e^{i(n\theta)} = \cos n\theta + i\sin n\theta$$

那么，要如何将自然对数 $\ln x$ 的定义域从实数拓展到非零的复数呢？我们曾说复数本质上就是平面向量，而向量有两个属性：长度和方向。任给一个非零复数 $z = a + bi$（a 和 b 是不同时为零的实数），其长度为 $r = |z| = \sqrt{a^2 + b^2}$，而它的方向可以用 z 与正向实轴（右方）的夹角 θ 来表示。所以 $z = re^{i\theta}$ 就是复数的长度与方向表示法，其中 r 是一个正数（当我们说"正数"就隐含了它是实数的意思，因为复数不能比大小，所以没有大于零的复数，也就没有所谓的正复数）而 $0 \leqslant \theta \leqslant 2\pi$ 是 z 的主幅角。用这个形式，根据对数律就能计算 $\ln z = \ln(re^{i\theta}) = \ln r + i\theta$。所以就连负数都可以做对数计算了，例如：$-2$ 相当于长度是 2，而主幅角是 π 的复数，所以 $\ln(-2) = \ln(2e^{i\pi}) = \ln 2 + i\pi$。又例如 $1 + i$ 的长度是 $\sqrt{2}$，主幅角是 $\dfrac{\pi}{4}$，所以

$$\ln(1+i)=\ln\sqrt{2}+i\frac{\pi}{4}=\frac{2\ln2+i\pi}{4}$$

我们那个时候的学生，在中学就开始学虚数。当我学习 $\sqrt{i}$ 和一般复数的平方根算法之后，觉得那个计算实在太酷了。然后我就开始问自己：i^i 要怎么算？我用尽了当时该知道的所有办法，都解不出来。于是（可能是出于偷懒）我把一下午的数学游戏写在生活周记上（那时候我们都用毛笔写生活周记）。我的导师，张秀莲女士（不是金管会的那位），是生物科的教师，很疼爱学生。想必她当时认真地读了我那份周记，就帮我去问数学老师：i^i 要怎么算？他说，没这回事。张老师不放心，又去另一间办公室，问当时的王牌数学老师，他在补习班也很红的。得到同一个答案：没这回事。于是张老师把"答案"写在我的周记簿上（用红色的毛笔）：没有这种计算，别钻牛角尖了。

但是，各位老师、各位同学、各位看官，每一个数学系三年级的学生都应该知道这种计算。根据次方计算的定义：$i^i=e^{i\ln i}$。而 i 就相当于平面上 $(0,1)$ 这个点，它的长度是 1，主幅角是 $\theta=\frac{\pi}{2}$。所以 $\ln i=\ln1+i\left(\frac{\pi}{2}\right)=i\left(\frac{\pi}{2}\right)$，于是

$$i^i=e^{i\ln i}=e^{i\left(i\frac{\pi}{2}\right)}=e^{-\frac{\pi}{2}}\approx0.2079$$

它居然是个实数？"酷"吧？

那么，数学中最美的等式，究竟是谁？因为

什么不是数学

$e^{i\pi} = \cos\pi + i\sin\pi = -1$，所以，就是她：

$$e^{i\pi} + 1 = 0$$

数学中最重要的五个常数：1，0，π，i 和 e，最基本的三个计算：加法、乘法和次方，最核心的一个观念：等于，各自经历了漫长而坎坷的轮回，寻寻觅觅，却因为那前世注定的深刻因缘：微积分，终于聚在一起了。

漫谈幻方

□林克瀛

幻方（magic square）[①]是中国人最先发明的数学游戏，以往称为纵横图。一个 n 阶幻方是把 1，2，$\cdots n^2$ 等数字排列成一个 n 行 n 列的方阵，使它每行每列及对角线上的数字总和都相同（但每一个数字只允许出现一次）。把一个幻方任意旋转或翻面可得八个不同的方阵，但只算是一种解法。三阶幻方只有一种解法，古代称为洛书（见图 71）。四阶时解法高达 880 种。五阶时更超过 100 万种。宋人杨辉在 1275 年所著《续古摘奇算法》上卷载有 13 个幻方，其中一个是

---

① 幻方：也称作魔方。

洛书，其他的阶数由四到十，但百子图中对角线上数字之和不符合幻方的规定。明人程大位的《算法统宗》(1593年)除转载杨辉的结果外，又加上五五图和六六图各一个。清人张潮在《心斋杂俎》下卷中有一个《更定百子图》，把杨辉的百子图修正成为真正的十阶幻方。

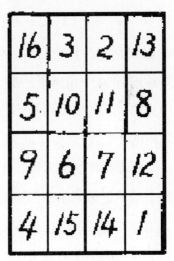

图71 唯一的三阶幻方

幻方在西方也非常流行。1514年德国天才艺术家丢勒[1]曾把一个四阶幻方（见图72）安排在他的一幅非常有名的蚀刻《忧郁》（Melencolia）里，这个方阵最下面一行中间两个数字合起来正好是1514，恰好是他作品产生的年代。这幅蚀刻里有一位一手托颐一手拿圆规坐着出神的人，背后墙上有一个幻方。1838年法国有

图72 一个四阶对称幻方

① 丢勒，德国历史上最伟大的艺术家，生于纽伦堡，1971年全世界盛大庆祝其诞生五百周年。

人写了三卷书来讨论幻方。著名数学家阿瑟凯莱（1821—1895，对群论贡献很大）和富兰克林（1706—1790）也曾经研究过幻方。

像图 71 所示的幻方具有一种很有趣的对称性质，就是如果把整个方阵旋转 180 度以后再和原来方阵重叠起来，任何两个相叠的数字之和都是 $1 + n^2$（n 是阶数），这样的两个数称为互补。这一类的方阵都称为对称（symmetrical）方阵。对称幻方的阶数必须是奇数或者是 4 的倍数，证明如下：n 为偶数时可把方阵分为大小相同的 4 个小方阵，每个小方阵内数字之和必须相同（由对称幻方的定义推出），所以 $\dfrac{n^2(1+n^2)}{2}$（$1，2\cdots n^2$ 之和）必须被 4 除尽，也就是说 n 必须是 4 的倍数。四阶的对称幻方，4 个角落上的数、中央的 4 个数以及每个小方阵内的 4 个数，总和都是 34。

根据嘉德纳的考证，世界上最早记录下来的四阶幻方出现在 11 或 12 世纪印度克久拉霍的一个石刻上（见图 73）。这一类的方阵比一般的幻方更加神秘，又称为鬼方阵（diabolic 或 pandiag-

图 73　一个四阶的鬼方阵

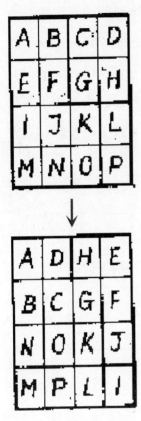

图 74　鬼方阵依图示重新排
　　列后仍是鬼方阵

onal square）。鬼方阵除了具备幻方
的性质外还有下述的特点：把两个相
同的鬼方阵左右并排或上下并列。每
一排和对角线平行的 n 个数字总和都
相同，这个总和也就是方阵内每行数
字之总和。把一个鬼方阵最上（或
下）面一列搬到最下。（或上）面，
或者把最左（或右）边一行搬到最
右（或左）边，又得到一个新的鬼
方阵。我国古代数学家似乎完全没
有注意到鬼方阵，未免令人遗憾。

　　1938 年美国康乃尔大学的两位
数学家罗斯和沃克利用数学上的群
论来研究鬼方阵，把四阶鬼方阵的问
题完全解决。他们证明一个鬼方阵依
照下述五种方法之中任意一种加以重
新排列以后仍然是一个鬼方阵：一是旋转；二是翻面；三是
把最上面一列搬到最下面或者把最下面一列移到最上面；四
是把最左边一行排到最右边或者把最右的一行搬到左边；五
是把整个四阶方阵依图 74 所示重新排列。利用这五个方法
可得到 384 个鬼方阵，但由于旋转和翻面得不到新的方阵，
我们实际上只有 48 个不同的鬼方阵（48×8 ＝ 384）。这两

位数学家证明上述五种将鬼方阵重行排列的运算构成一个"群"。[①]而且和一个四维空间中的超立方体（hypercube）的对称群(指在四维空间的旋转和反射)完全同构(isomorphic)。超立方体在三维空间的投影如图 75 丙所示，为便于了解起见，我们在图五甲和乙分别把正方形在直线上的投影和立方体在平面上的投影表示出来以资比较。如

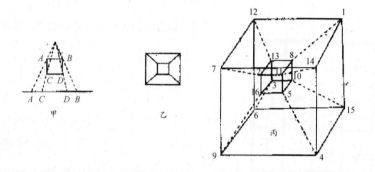

图 75　甲图表示正方形在直线上的投影。乙图是正立方体在平面上的投影。丙图是一个四度空间的超立方体在三度空间的投影。

果把图 73 的十六个数字分别放在此超立方体的每个角上如图丙 75 所示，那么它的 24 个平面中每一个平面上的四方形的四个数加起来是 34，而且每一数和在相对的（对四度空

---

① 群的定义是一组元素的集合，其中任意两个元素（可以相同）的乘积 $ab = c$ 有下列性质（一般而言 $ab \neq ba$）：

（1）c 仍为此集合中之一元素。

（2）结合律成立，$(ab)c = a(bc)$。

（3）单位元素（1）存在，$1a = a1 = a$。

（4）每一元素均有一逆元素存在，$aa^{-1} = a^{-1}a = 1$。

间的中心而言）角上的数互补。我们可以清楚地看出这个超立方体在四度空间中的每一个转动和反射都和一个鬼方阵相对应。如果把图 73 的鬼方阵上下两边粘起来，如图 76 所示，再把圆筒两头接起来成为一个呼啦圈，那么圈上任何一个数沿着

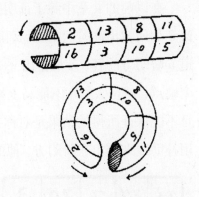

图 76　把图 73 鬼方阵化为一个呼啦圈后每一个数沿对角线方向移两格后正好碰到和它互补的数。四种移法所得结果都相同

对角线的方向移两格（有四种移法但结果相同）后正好是一个和它互补的数。

那两位数学家还证明了鬼方阵的阶数必须是比 3 大的奇数或 4 的倍数，而且还计算出五阶鬼方阵正好是 3600 个。

西方人还有另一种方阵游戏，以往也被称为幻方，后来为了避免与本文所讨论的幻方相混淆，一般称为"拉丁方阵"（Latin Square）。拉丁方阵的原理和这里所说的幻方完全不同。欧拉曾预测两个阶数为 $4k+2$ 的拉丁方阵不能互相正交，这个有名的预言经过 177 年之久才于 1959 年被三位美国数学家所推翻，当时惊动了全世界数学界。有趣的是，阶数为 $4k+2$ 的方阵——不论是幻方或拉丁方阵——都与阶数为奇数或 4 的倍数的方阵在数学特性上大不相同。前文所说没有一个 $4k+2$ 阶幻方是对称或鬼方阵就是一例。

在以前的文章中除了证明三阶幻方的唯一性以外，还讨论到如何找出高阶的幻方。利用梁有松先生的方法，只要知道 n 阶幻方的解，就可排出 n+2 阶幻方。不过他的方法有一个缺点，就是太繁，不能马上排列出一个任意阶的幻方，而且不能保证所得的结果是对称方阵或鬼方阵。李永和先生利用补助线来排出三阶幻方，他的方法简单明了，而且可以推广到任何奇数阶的情形，但不能应用到偶数阶的方阵。我们也可以不用补助线而直接写出一个 n（奇数）阶对称幻方，办法是这样的（即李先生所用方法的推广）：先把 $\dfrac{(n^2+1)}{2}$ 放在方阵中央，再把 1 放在它下面，然后把 1，2 ……n 分别沿由左上到右下的方向依次排列，（我们可以在想象中把方阵的上下和左右两边粘起来如图 76），再把 $n+1$ 放在 n 下方第二格，由 $n+1$ 到 2n 分别沿左上到右下方

图77　一个五阶的对称幻方

图78　一个四阶对称幻方

什么不是数学

168

向顺序排列；以后依此类推。这种方法得到的五阶幻方（见图77）。

　　阶数是4的倍数的对称幻方可用下法排成：先把方阵中对角线通过的方格子打上×号，再把整个方阵分为四个小方阵，在每一小方阵中的每一列，沿有×号格子的左和右方每隔一格打一×号。然后把1，2……n^2顺序由左至右一列一列地填入方格中，但每逢空白的格子就改填互补的数字。用此法所得的四阶对称幻方（见图78），八阶幻方（见图79）（数字请读者自行填入作为练习）。

　　所有奇数阶的对称幻方，正中央的数必须是$\dfrac{(n^2+1)}{2}$。但奇数（比3大）阶鬼方阵则中央的数可以是任何数，这是因为鬼方阵如将最上一列移到最底下或最左一行移到右边仍然是鬼方阵的关系。一个奇数阶鬼方阵有时候也同时是对称方阵，例如图80就是一个五阶对称鬼方阵。任意奇数阶

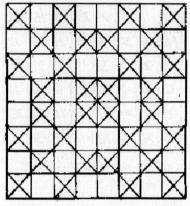

图79　把1,2……64……顺序由左到右，一列一列由上往下填，每逢空白格子就改填互补的数，如此可得一个八阶对称幻方。

4	23	17	11	10
12	6	5	24	18
25	19	13	7	1
8	2	21	20	14
16	15	9	3	22

图80　一个五阶对称鬼方阵

对称鬼方阵的排法如下：先把 1 放在中间一列的最右方（参阅图 80），再往下移一格向右移 k 格（阶数是 $2k+1$）填入 2，如此顺序把由 1 到 n 填入，然后把 $n+1$ 填 n 的左边一格，再把 $n+1$ 到 $2n$ 依照由 1 到 n 的填法填入方阵，以下依此类推。

1	23	-31	-9	13	27	-19	-5
20	-6	14	28	-32	-10	2	24
17	-11	3	-25	29	-7	15	-21
16	-22	30	-8	4	-26	18	-12
-13	-27	19	5	-1	-23	31	9
32	10	-2	-24	20	6	-14	-28
-29	7	-15	21	-17	11	-3	25
-4	26	-18	12	-16	22	-30	8

图81 一个八阶鬼方阵（$-n$ 代表和 n 互补的数字）

$2k+1$ 放在第 $2k+1$ 行的倒数第 $2k+1$ 格，$2k+2$ 放在 $2k+2$ 行的第 $2k+2$ 格，交错排到 N 为止。$n+1$ 则放在最右边一列由上往下数第 $2k+1$ 格，$n+2$ 放在次一列第二格，以下排法如前同。总而言之，1，$2n+1$，$4k+1$，…$(2k-1)n+1$ 放在左边第一行

阶数是 $n=4K$ 的鬼方阵可用下法排成：（参阅图 81）把 1 放在方阵的左上角第一行第一格，把 2 放在次一行的倒数第二格，把 3 放在再次一列的第三格，如此交错排列到 $2k$ 为止，然后把

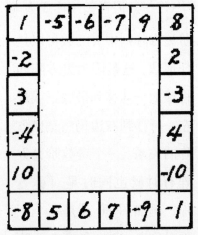

图82 一个六阶幻方

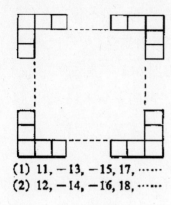

(1) 11, −13, −15, 17, ……
(2) 12, −14, −16, 18, ……

图 83　一个 $4k+2$ 阶幻方

的 1, 3, 5, …$2k-1$ 格, 而 $n+1$, $3n+1$… $(2k-1)n+1$ 则放在最右边一行的…$2k+1$, $2k+3$…$n-1$ 格。这样由 1 到 $\frac{1}{2}n$ 都有固定位置, 到 $\frac{1}{2}n^{2+1}$ 的 n^2 数字则与互补的数字沿同一对角线错开 $2k$ 格。

当幻方的阶数是 $4k+2$ 时, 可先把方阵正中间的 $4k$ 阶方阵用上述方法由 $2n-1$ 开始排列成一个幻方, 再把剩下的 $2n-2$ 对互补的数字 $(1, -1)$, $(2, -2)$ … $(2n-2, 2-2n)$ 适当的排在方阵四周, 例如六阶幻方 (见图 82)。此处 $-m$ 代表和 m 互补的数字。请注意图中每行每列及对角线 (不计当中的方阵) 数字总和都是零, 同时每一边有了个负数。满足这些条件的解不止一种。当 k 大于 1 时之通解 (如图 83), 图中空白格子内的数字和图 76, 完全相同。

以前说过, 阶数大于四的幻方解法以百万计, 本文所提供的解法只是各种解中比较简单而又便于记忆的一种而已。

漫谈斐波那契数列

□黄敏晃

棋盘疑谜

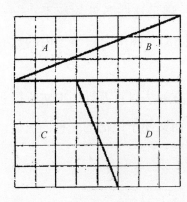

图 84

棋盘疑谜（Chess Board Paradox）是一个很有名的数学谜题，我们不妨就把它拿来作为本文的引子。最常见的棋盘疑谜是这样的：取一个西洋象棋盘（这是一个每边为八个单位长的正方形）如图 84 切成四部分，再重新组合成图 85 的长方形。

仔细一看，原来图 85 是不正确的，正确的图应该是图 86，图 85 中的"对角线"，应该是图 86 中极扁极窄的狭小空间，其面积刚好就是多出来的一个单位。这个棋盘疑谜，显然是由人类视觉的不可靠，与作图的不精确所导致的（这就是数字所以强调"证明"的原因了）。

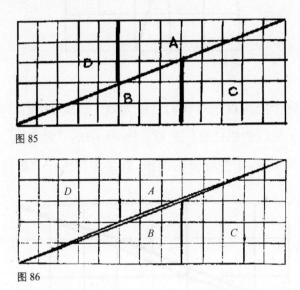

图 85

图 86

　　图 84 的面积是 $8 \times 8 = 64$ 个单位，而图 85 的面积则是 $5 \times 13 = 65$ 个单位。重新组合后就好像是变魔术一样，多出了一个单位的面积，怎么回事？

　　如果把每边五个单位长的正方形，照上例依样画葫芦，我们就得到图 87 的分画，并重新组合成图 88，而做成 $3 \times 8 = 24$ 个单位面积的长方形，这回却少了一个单位面积（$5^2 - 3 \times 8 = 25 - 24 = 1$）。

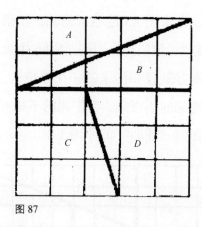

图 87

但这个魔术现在对我们已经无效了，因为我们已学得很小心，立刻就会抓住它们破绽：图 88 中的"对角线"部分，有狭长的重叠，重叠部分的面积，就是少掉的一个单位面积。

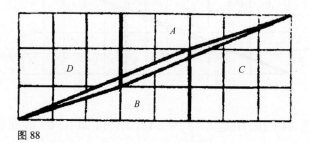

图 88

上面的两例，虽然一个多出一个单位面积，另一个少掉一个单位面积，但其分割与重新组合的方法，却是一样的。以数字来分析，可得下列结果：

$$2 + 3 = 5, \ 3 \ (3 + 5) = 24 = 5^2 - 1$$
$$3 + 5 = 8, \ 5 \ (5 + 8) = 65 = 8^2 + 1$$

利用同样的分割，与重新组合的手段，我们可以把每边长 13 个单位的正方形，组合成长 21 个单位，宽 8 个单位的长方形。同样的，我们也可以把每边 21 个单位长的正方形，分割后重新组合成，长 34 个单位宽 13 个单位的长方形（请读者自备方格纸，剪开拼合以好实验），下面就是这两例的数字分析：

$$5 + 8 = 13, \quad 8\,(8 + 13) = 168 = 13^2 - 1$$
$$8 + 13 = 21, \quad 13\,(13 + 21) = 442 = 21^2 + 1$$

不难想象到，具有上述性质的正方形，其边长似乎有某些关系：5, 8, 13 = 5 + 8, 21 = 8 + 13, 那么边长为 34 = 13 + 21 的正方形，有没有上述性质呢？先作数字分析如下：

$$13 + 21 = 34, \quad 21\,(21 + 34) = 1155 = 34^2 - 1$$

由此可知，它也可分割而后组成，长 55 个单位宽 21 个单位的长方形。同理，边长为 55 个单位的正方形，也可分割后组成长 89 = 34 十 55 个单位，宽 34 个单位的长方形：

$$21 + 34 = 55, \quad 34\,(34 + 55) = 3026 = 55^2 + 1$$

这样由 5 与 8 开始，我们就可得到一连串的数（即数列）：5, 8, 13, 21, 34, 55, 89, 144………如果在这个数列前，再加 4 个数：1, 1, 2, 3, 我们就得到有名的斐波那契数列（Fibonacci sequence）：1, 1, 2, 3, 5, 8, 13, 21,

34，55，89，144………

斐波那契数列

据说斐波那契数列(以下简称斐氏数列)，是于 1202 年，斐氏为了解决兔子繁殖的实际问题，而发展出来的。斐氏观察他养的兔子发现：每对兔子出生后满两个月，就开始产子一对，之后每个月产子一对。

如果某人买了一对刚出生的兔子，则他以后各个月所有的兔子的对数（假设兔子不死）就是：头一个月一对，第二个月还是一对，第三个月二对，第四个月三对，第五个月五对，第六个月八对，等等。这些对数就是斐氏数列的头几个数。

一般地说，到了第 n 个月，此人拥有的兔子的对数，就是第 $n-1$ 个月拥有的兔子对数，加上新生兔子的对数。而新生兔子的对数，就是两个月前（即第 $n-2$ 个月）拥有的兔子的对数（注：要满两个月大的兔子才会产子）。

如果以 $f(n)$ 表示此人在第 n 个月拥有兔子的对数，则我们就得到构成斐氏数列规则的递归关系式（recursive formula）：

$$f(1) = f(2) = 1，而 n \geqslant 3 时，$$
$$f(n) = f(n-1) + f(n-2) \cdots\cdots\cdots\cdots ①$$

查遍斐氏当时的文献，并没有明确地记载着①式。最早记载①式的文献，是在斐氏的四百年后，而棋盘疑谜的见诸数学刊物，更是其后两百年的事情。说穿了，棋盘疑谜只是依照下列斐氏数列的特性而成的：

$$f(n-1)f(n+1) = f^2(n) + (-1)^2 \cdots\cdots ②$$

上节所谈的几个例子，只不过是 $n = 5，6，7，8$ 时的情形。②式的证明，可以用数学归纳法得到：

$n = 2，3，4，5，6，7，8$ 时，②式都成立。现在假定 $n = k$ 时，②式成立，即

$$f(k-1)f(k+1) = f^2(k) + (-1)^k$$

要证明，$n = k+1$ 时，②式也成立。但是

$$f^2(k+1) + (-1)^{k+1}$$
$$= f(k+1)[f(k-1) + f(k)] + (-1)^{k+1}$$
$$= [f(k+1)f(k-1)] + f(k+1)f(k) + (-1)^{k+1}$$
$$= [f^2(k) + (-1)^k] + f(k+1)f(k) + (-1)^{k+1}$$
$$= f^2(k) + f(k)f(k+1)$$

而 $f(k)f(k+2) = f(k)[f(k) + f(k+1)] = f^2(k) + f(k)f(k+1)$

所以 $f^2(k+1) + (-1)^{k+1} = f(k)f(k+2)$

即在 $n = k+1$ 时，②式也成立。所以，②式证明完毕。

斐氏数列的一些性质

斐氏数列，也可以由杨辉三角中得到。杨辉三角又叫帕斯卡三角（Pascal triangle）。杨辉三角是由$(n+1)^n$的展开式中，各项系数所构成的。在图89中，我们可以看到其间的关系：

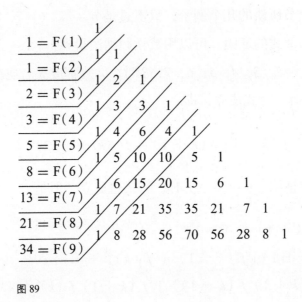

图89

由图 89，不难联想到斐氏数列中各项，与组合数，之间的关系是

$$f(n+2) = C_0^{n+1} + C_1^n + C_2^{n-1} + \cdots\cdots$$

$$= \Sigma C_k^m \text{（其中} m \geq k, \ m+k=n+1 \text{）} ③$$

斐氏数列除上述的②与③的性质外，还有下列的关系：其中甲、乙、丙、丁诸陈述是比较简单的，戊、己则比较困难，所以附上例子。至于这些关系的证明，就此省略，请读

者自行研究:

甲、$f(1) + f(2) + \cdots + f(n) = f(n+2) - 1$。

乙、$f(1) + f(2) + \cdots + f(10) = 11f(7)$。

丙、$f(n)\,f(n-1) - f(n-1)\,f(n-2) = f(2n-1)$。

丁、$f^2(n-1) + f^2(n) = f(2n-1)$

戊、如果 $f(p)$ 是个质数 $(p > 4)$，则 p 必然是个质数。例如，$f(11) = 89$ 为质数，则 $p = 11$ 也是质数。注意，此性质的逆陈述并不成立。例如，31 是个质数，但 $f(31) = 1346269 = 557 \times 2417$。

己、1. 如果 p 是 $10k \pm 1$ 形式的质数，则 $f(p)$ 成 $pa + 1$ 的形式，其中 a 与 k 为整数。

2. 如果 p 是 $10k \pm 3$ 形式的质数，则 $f(p)$ 成 $pb - 1$ 的形式，其中 b 与 k 为整数。

例①

$p = 10k \pm 1$	$f(p)$
11	$89 = 11 \times 8 + 1$
19	$4181 = 19 \times 220 + 1$
29	$514229 = 29 \times 17732 + 1$
31	$1346269 = 31 \times 43428 + 1$
41	$165580141 = 41 \times 4038540 + 1$

② $p = 10k \pm 3$	$f(p)$
7	$13 = 7 \times 2 - 1$
13	$233 = 13 \times 18 - 1$
17	$1597 = 17 \times 94 - 1$
23	$28657 = 23 \times 1246 - 1$
37	$24157878 = 37 \times 652914 - 1$

叶序图

纯数字谈得不少了，现在该换换口味，来看斐氏数列在大自然的植物学中，占有什么地位。斐氏数列明显地表现在植物的叶序（phyllotaxis）上，叶序是指树叶在树枝上的排列情形。

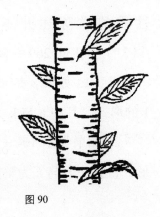

图90

例如就樱树而言，在其一枝上，用细线把相邻的叶子，沿着同一方面绕着树枝联下去。我们将可看到此线，绕成螺旋的样子，而且每经五片叶子，每绕树枝两圈，（叶子的位置）就回到原来的相当位置（见图90）。所以，樱树叶子在树枝上的排列情形，就完全可以用这两个数2与5表示出来。一般地说，我们常用下列的分数来表示，并把这个分数叫做叶序：

$$\frac{回到原位置时所绕树枝的圈数}{回到原位置时所经的叶子数}$$

那么樱树的叶序就是 $\frac{2}{5}$，橡树等的叶序也是 $\frac{2}{5}$。

榆树（elm）的叶是互生的（叶子交互长在相反的方向上），所以其叶序是 $\frac{1}{2}$，榉树（beech）的叶子每经三叶，恰绕树枝一圈，且回到原来的相当位置，所以其叶序是 $\frac{1}{3}$，其他如梨树的叶序是 $\frac{3}{8}$，柳树的叶序是 $\frac{5}{13}$ 等，奇妙的是所有的叶序，分子与分母都是费氏数列中的数字，绝无例外（除非树枝受损伤或被扭弯过）。

松果与凤梨的鳞片，乃至向日葵的种子，它们鳞片的排列则有所不同。它们紧密相靠，上述叶序的定义不能应用上来，但它们的排列有螺旋状的特征，由此我们可得出一些规律，而得到一种叶序图，可称之为交错螺旋互生叶序（parastichy）。

图 91 是个菠萝，鳞片上的数字表示，该鳞片在中央轴上投影的高低次序。例如号码 4 的鳞片（图上看不见），其位置较号码 5 的鳞片低，而较号码 3 的鳞片高（请读者自己买个菠萝观察）。

由图上可看到三种独立的螺纹叶序图，其一为沿着数字为 0，5，10 等缓慢上升的右手螺旋。另一种是沿着数字 0，13，26 等上升陡峭的右手螺旋。最后一种则是左手螺旋，陡峭度介于前二者之间，即 0，8，16 等所示之螺旋。

图 91　菠萝

稍微注意一下，就可发现这些代表着螺纹的数字，成等差数列，且以 5，8，13 为其公差，而 5，8，13 正是斐氏数列中的连续三个数字！

这么一个单纯的数列，竟与大自然的神秘性，有如此微妙的关系，怎不令人拍案叫绝呢！

一个名为"拈"的游戏

□李宗元　黄敏晃

"拈"这种游戏

"拈"这个游戏本是中国民间的游戏，英文叫做 nim，大概这游戏在当年大批华工到美国去做工，在工作之余，捡石头消遣或赌博时，被美国佬学了去〔当年的华工大部分是广东人，nim，是由广东话"拈"（取物之意）转音而来〕。查韦氏字典 nim 亦有偷（steal）及扒（pilfer）的意思，为什么会多出这些意思来呢？下文自会交代。

有三堆石子，每堆数目不拘，甲乙轮流自其中一堆拿石子（不能同时自不同的堆中拿取），拿多少随意（但至少得拿一个），最后拿光石子的人为胜利者。

举个例说，设三堆石子数分别为 2、5、6。假定你把 2 个那堆拿光，使或 0、5、6，而对手则由 6 个那堆拿 5 个，剩下 0、5、1。此时你若由 5 个那堆拿 4 个，使成 0、1、1，则对手就输定了。因为他必须（也只能）拿一个，留下一个眼睁睁地看你拿去。

为了便于讨论，任一阶段的三堆石子数目，将用符号记作 $\{a, b, c\}$。$\{a, b, c\}$ 代表的形态，显然与 a, b, c 三数（都是非负整数）的顺序无关。若经你拿过后，出现了 $\{a, b, c\}$，则说你占有 $\{a, b, c\}$ 的形态。

如同象棋中有残局一样，"拈"中也有残形。象棋中的残局是指棋赛进行到某阶段，棋子较少而胜负已定的清楚局面（即若与赛两人都有相当水准，按合乎逻辑性的走法，则谁胜谁负已成定局）。

"拈"中的残形则可分优胜残形与失败残形。当你占有优胜残形后，若以后都按合乎逻辑性的拿法，则不管对手如何拿，他都注定必败。反过来说，当你占有失败残形时，若对手以后都按合乎逻辑性的拿法，则你也败定了。

例 1：$\{0, 1, 1\}$ 是个优胜残形。$\{0, a, a\}$ 也是个优胜残形：对手由某堆拿 b 个，则你由另一堆中拿 b 个。

当 $a > 0$ 时，$1, 1, a$ 是个失败残形：此时只要把 a 个那堆拿光，则成 $\{0, 1, 1\}$ 的优胜残形，同理，当 $b > 0$ 时，$\{a, a, b\}$ 也是个失败残形。

例 2：$\{1, 2, 3\}$ 为优胜残形，分为六种情形讨论：

① {1, 2, 3} 他 {0, 2, 3} 你 {0, 2, 2},

② {1, 2, 3} 他 {1, 1, 3} 你 {1, 1, 0},

③ {1, 2, 3} 他 {1, 0, 3} 你 {1, 0, 1},

④ {1, 2, 3} 他 {1, 2, 2} 你 {0, 2, 2},

⑤ {1, 2, 3} 他 {1, 2, 1} 你 {1, 0, 1},

⑥ {1, 2, 3} 他 {1, 2, 0} 你 {1, 1, 0},

例3：{1，4，5} 为优胜残形，分为十种情形讨论：

① {1, 4, 5} 他 {0, 4, 5} 你 {0, 4, 4},

② {1, 4, 5} 他 {1, 3, 5} 你 {1, 3, 2},

③ {1, 4, 5} 他 {1, 2, 5} 你 {1, 2, 3},

④ {1, 4, 5} 他 {1, 1, 5} 你 {1, 1, 0},

⑤ {1, 4, 5} 他 {1, 0, 5} 你 {1, 0, 1},

⑥ {1, 4, 5} 他 {1, 4, 4} 你 {0, 4, 4},

⑦ {1, 4, 5} 他 {1, 4, 3} 你 {1, 2, 3},

⑧ {1, 4, 5} 他 {1, 4, 2} 你 {1, 3, 2},

⑨ {1, 4, 5} 他 {1, 4, 1} 你 {1, 0, 1},

⑩ {1, 4, 5} 他 {1, 4, 0} 你 {1, 1, 0},

对应与偶性形态

观察优胜残形 {0, a, a}，{1, 2, 3} 与 {1, 4, 5}，不难归纳出一种简单的共同性质：其中两数的和等于第三数。此性质是否为优胜残形的某种条件？例 3 中的⑦立刻给出它为充分条件的反例：{1，4，3} 为失败的残形，而 1 + 3 = 4。

实际上，此性质也不是优胜残形的必要条件：读者不难仿例 2 与例 3 的方法，证明 {3，5，5} 是一优胜残形（分十四种情形，其中有一种得利用 {2，4，6} 为一优胜残形的结果，所以先得证明这点）。

虽然上述性质不是优胜残形的条件，但在已知的优胜残形的例子里，我们似乎可以感觉到，其各堆的石子数有某种神秘的对应。尤其是 {0，a，a} 的逻辑拿法——他由某堆拿 b 个，则我也由另一堆拿 b 个——这种拿法实在有难以形容的简单，和谐的旋律，隐约的暗示着某种对应。

要说明这种神秘的对应，需要用数的二进位表示法。我们假定读者都清楚数的二进位表示法。例如

$$5 = 1 \times 2^2 + 0 \times 2 + 1$$

所以用二进位表示时，5 就写成 101。这与十进位表示中

$$143 = 1 \times 10^2 + 4 \times 10 + 3$$

所以 143 就写 143 的道理是一样的。下面利用二进法来表示已知优胜残形中各数，并由此来看其间的对应。

例 4：{1，2，3} 中各数用二进位表示得 1，10，与 11，把这三数位数对齐用直式相加，结果不用"逢二进一"的原

则，可得各位数都为偶数。其对应情形如图92。

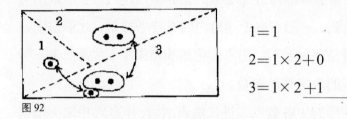

图92

$$1=1 \qquad\qquad 1$$
$$2=1\times2+0 \qquad 10$$
$$3=1\times2+1 \qquad \underline{11}\ (+$$
$$\qquad\qquad\qquad\qquad 22$$

例5：仿照上例的方法处理优胜残形 {1，4，5} 与 {3，5，6}，可见其对应情形如图93与图94。

$$1=1 \longrightarrow 1$$
$$4=1\times2^{2}+0\times2+0 \longrightarrow 100$$
$$5=1\times2^{2}+0\times2+1 \longrightarrow \underline{101}\ (+$$
$$\qquad\qquad\qquad\qquad\qquad 202$$
$$3=1\times2+1 \longrightarrow 11$$
$$5=1\times2^{2}+0\times2+1 \longrightarrow 101$$
$$6=1\times2^{2}+1\times2+0 \longrightarrow \underline{110}\ (+$$
$$\qquad\qquad\qquad\qquad\qquad 222$$

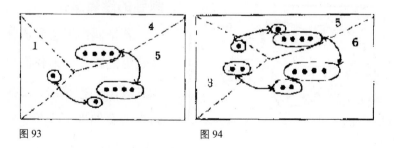

图93   图94

这种对应就是先把各堆的石子，以二进位表示法分成单位，然后每个单位与另一堆中的相等单位作对应。不难由上述例子看到，一形态有上述对应的充要条件是，此形态中各数以二进位法表示后，用直式相加的结果（不"逢二进一"）中，出现的数字都是偶数。

设一形态中各数以二进位法表示后，作直式相加的结果（不逢二进一），叫做此形态的鉴别数。一形态的鉴别数中出现的数字，若均为偶数，则此形态是偶性的；若不然（即至少出现一奇数），则此形态是奇性的。

例6：$\{5, 9, 12\}$ 是偶性的，而 $\{5, 13, 43\}$ 则是奇性的。

$9 = 1\times2^3 + 0\times2^2 + 0\times2 + 1,\ 12 = 1\times2^3 + 1\times2^2 + 0\times2 + 0$

$$(*)\begin{cases}5 \longrightarrow 101 \\ 9 \longrightarrow 1001 \\ 12 \longrightarrow 1100\ (+\end{cases}$$
$$2202$$

$$(**)\begin{cases}5 \longrightarrow 101 \\ 13 \longrightarrow 1101 \\ 43 \longrightarrow 101011\ (+\end{cases}$$
$$102213$$

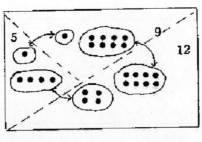

图95

制胜的逻辑拿法

若把偶性形态看成优胜残形的推广，则我们应该发展出一种拿法，使我们在占有偶性形态后，一定得到胜利（如图95）。

首先观察到，若由一形态的某堆中拿取石子，就相当于在得到此形态鉴别数的直式中，对应于此堆数的二进位表示的那列中，把某些 1 改变成了 0（此列中某些 0 也可能同时改变成 1）。

若原来为偶性形态，则任何拿法都会破坏其对称性，即其偶性。因为说直式某列中由左第一个发生变化的是位数（这个变化一定是由 1 变到 0），则鉴别数中相对于此行的数字一定变成了奇数（即由 2 变成 1）。例如，由 {5，9，12} 的 12 那堆中拿去二个，则得下列变化

5 —————→ 101   5 —————→ 101

9 —————→ 1001   9 —————→ 1001

　　　　　　　　　变成

12 ————→ 1100（+   10 ————→ 1010（+
　　　　2202   2112

即由偶性形态的某堆中拿取石子后，一定变为奇性形态。下面说明，对手占有奇性形态时，则有一定的拿法，使我在拿过后，占有偶性形态。拿法如下：

在此形态的鉴别数中找出左边算来第一个奇数字（即 1 或 3，因此形态为奇性，奇数字一定存在），在直式而相对应于此行含有 1 的某列的那堆中拿取石子。取后一定要使 1 变成 0，并且使此列中相对应于鉴别数中奇数字出现的各行都起变化，即使 0 变成 1，1 变成 0。这样得到的新形态一定为偶性。

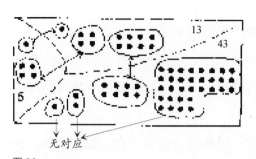

图 96

例 7：在 {5，13，43} 中拿石子时，一定得由 43 那堆中拿，因为鉴别数 102213 中的 2^5 位有个 1，又因鉴别数的最后两位数为 1 与 3（即 2^1 位与 2^0 位），所以得在 43 那堆中取去 $2^5 + 2 + 1 = 35$ 个（43 的 2^1 与 2^0 位都为 1，故改成 0）。

如果回头看图 96，则知我们的拿法是把 43 那堆中无对应的那些单位，统统拿走。需要特别注意的则是，此例为简单的情形：图 96 中无对应的单位都属于 43 的那堆。若无对应的单位，不一定属于要拿走石子那堆时，则有变化。

例 8：{7，14，18} 是奇性的，应由 18 那堆中拿，但此时应顾及鉴别数 11231 中 2^3，2^1 与 2^0 位的奇数（计算如下）：

7	⟶	111	7	⟶	111
14	⟶	1110	⟶	14	⟶	1110
18	⟶	10010 (+	9	⟶	1001 (+
		11231			2222

例 9：{17，21，29} 的鉴别数为 31203（计算如下），其由左算来第一位奇数为 3，此时有 3 种拿法，即由 17 堆中，由 21 堆中，或由 29 堆中拿石子都可以：{17，21，29}

$$17 \longrightarrow 10001 \qquad 8 \longrightarrow 01000$$
$$21 \longrightarrow 10101 \qquad 21 \longrightarrow 10101$$
$$\underline{29 \longrightarrow 11101\ (+} \qquad \underline{29 \longrightarrow 11101\ (+}$$
$$\qquad\ 31203 \qquad\qquad\qquad 22202$$

$$17 \longrightarrow 10001 \qquad 17 \longrightarrow 10001$$
$$12 \longrightarrow 01100 \qquad 21 \longrightarrow 10101$$
$$\underline{29 \longrightarrow 11101\ (+} \qquad \underline{4 \longrightarrow 00100\ (+}$$
$$\qquad\ 22202 \qquad\qquad\qquad 20202$$

　　由上述的说明知道，若你一旦占有偶性形态，则按逻辑拿法，你可以一直占有偶性形态到底，即直到你占有了 {0，0，0} 而宣告胜利为止。反过来说，当你占有奇性形态时，若对手知道逻辑拿法，则你也注定必败。所以，偶性形态是优胜残形，而奇性形态则是失败残形。

　　"拈"有趣的地方就是，其每一形态若不是优胜残形，则为失败残形。显然，在一般的复杂游戏中我们无法把所有形态，按上述意义分成这样的两类。从另一角度看，这也是"拈"无趣的地方：若两人都知道其分类与逻辑拿法，只须看开始的形态与谁先拿，胜负就已决定，不用玩了。

　　当然，若三堆数目很大时，两个看过本文的玩起来还是有趣的。尤其加上时间限制的话（譬如说每五秒钟得拿一次），则除非你默记过许多优胜形态，或心算神速，否则边玩边算一定超出时间。

对不知道分类与逻辑拿法的两人，每堆数目不必太大，譬如说限制在 10 以下，1 以上，则对这样的 219 种形态中，优胜残形只有下列 10 种：{1，2，3}，{1，4，5}，{1，6，7}，{1，8，9}，{2，4，6}，{2，5，7}，{2，8，10}，{3，4，7}，{3，5，6}，{3，9，10}。即失败残形占了大部分（209/219），所以对先拿的人极为有利。这点与一般的游戏是一致的。

不难看到，拈的堆数不必限定为三堆。对堆数大于三的"拈"，其分类法与逻辑拿法是一样的。一般拿"拈"来作赌博的骗局（知道分类与逻辑拿法者骗不知道的人）老千，常让对手在下列中选择一样：

1. 制造形态（即决定堆数与各堆的石子数）。

2. 决定拿的顺序。若对手是对"拈"一无所知的人，则他一定觉得这是个公平的游戏，岂知他这个"呆子"或"羊羔"（被骗者）就当定了。因为当呆子选择制造形态时，老千可算出先拿胜或败；若呆子决定先拿的顺序，则老千可把堆数与各堆的石子数摆的很大，此时即使呆子选对了优胜残形，也容易在玩的过程中（堆数多，数目大则玩的次数也较多，呆子出错的机会也大）出错。

不难想象，在"拈"传到美国后，利用"拈"来骗钱的老千一定不少，对一个被骗的呆子而言，若他事后知道真相，就觉得是被明偷，或巧扒了。这就是"拈"在洋人的字典中，会有偷、扒等意思的来源了。

享受 π 乐趣

□ 洪万生

几十年前，我曾经在期刊上发表了一篇《中国π的一页沧桑》的文章，获得很多朋友的谬赏，这对当初笔者对数学的普及理想，无不具有鼓舞的作用。试想要是当时的热情没有得到任何掌声，或许我的学术生涯因此改观。事实上，我年轻时由于一心想致力数学知识的通俗化，因而似乎极自然地一头栽入数学史领域寻求资源与灵感。没想到现在竟然把"数学史"这个手段想成目的，为数学史而写数学史。

即使如此，我仍然不敢遗忘青少年普及数学知识的志业。这些年来，虽然无法经常抽空撰写普及性的文字，但遇有同好者著作，总是见猎心喜。我曾推荐史都华（Ian Steward）

193

图97 书名《π的乐趣》

的《大自然的数学游戏》给台湾师大数学系大四选修"数学史"的同学阅读，结果获得极大的回响，可见认真规划、言之有物的普及读物，还是很容易找到知音的。

1997年底，我前往美国新奥尔良（New Orleans）开会，在旧金山国际机场转机时购得布莱特诺（David Blatner）所写的《π的乐趣》（The Joy of π）。在仔细阅读过一些章节之后，发现它内容丰富、趣味盎然，实在是不可多得的一本数学普及读物。

譬如说吧，作者布莱特诺就以十分平和的语调，介绍了19世纪末美国印第安纳州州议会为一位"化圆为方者"（circle squarer）背书的故事。所谓"化圆为方"，是指给定一个圆，以几何作图（geometric construction）的方法，求作一个等面积的正方形。它与"三等分任意角"、"倍立方体"并列为古希腊三大作图题。到了19世纪30年代之后，这三大问题因近代数学发展，才一一被证明为不可能。也因此"化圆为方者"一词就专门用来指称那些昧于现代数学知识背景的"数学狂怪"（mathematical crank）。这样的人可以说无所不在。

19世纪美国这位"化圆为方者"的名字叫古德温（Edwin J. Goodwin），是一位乡村医生。在1888年，也就是在"化圆为方"被德国数学家林得曼（C. L. F. Lindemann）证明不可能的六年后，古德温宣称获得上帝的教诲而解决了"化圆为方"的问题。更不可思议的，显然由于他的游说，1897年州下议会议员瑞柯德（Taylor Record）竟然将它提案为第246号法条。一旦通过，这个法条将允许该州任何人有权利无偿地使用古德温的"发现"，但是其他州就必须付费了。由于没有任何一位州议员知道该法案的数学内容是怎么回事，所以州议会不久就以67比0无异议通过。不过，令人惊奇的是，法案竟然附带保证说古德温的计算结果是正确的，因为它还得到《美国数学月刊》（*American Mathematical Monthly*，美国数学学会的官方刊物）的认可。该杂志的确出版了古德温的论文，但该法案并没有说明杂志编辑曾指出这是应作者的要求。《美国数学月刊》的处理态度或许并不令人意外，因为当时有一位州教育督学就非常热衷于促成该法案的通过。没想到投票隔天，当地地方报纸就评论说是有史以来印第安那州议会所通过的最奇怪法案。幸好普渡大学（Purdue University）数学教授华多（C. A. Waldo）立刻拜会州议会时就此事提出质疑，而报纸也趁机炒作，逼迫州上议会终于在1897年2月12日投票，作出无限期搁置讨论的决议。

　　类似上述这类极具启发性的故事之论述，可以说是本书的特色之一。此外，本书定位既然是数学普及读物，所以它的"软性"包装大有"语不惊人死不休"的气概，譬如在它

享受 π 乐趣

的封皮上，我们就可以读到很多"花边讯息"：π的一百万小数位数包括了 99959 个 0、99758 个 1、100026 个 2、100229 个 3、100230 个 4、100359 个 5、99548 个 6、99800 个 7、99985 个 8 以及 100106 个 9。日本人 Hiroyuki Goto 在 1995 年 2 月花了 9 小时背诵了 π 的位数达 42 万位数，创造了历史记录。123456789 的顺序第一次出现在 π 的第 523551502 位数上；π 的前 144 个位数加起来等于 666，而 144 恰好等于 (6 + 6) × (6 + 6)。大象的高度（从足到肩）等于 2×π×象足的直径。此外，该书的内文也处处嵌入一些令人惊奇的"花絮"，譬如"π 的十亿个位数若以平常的形式印刷，则它的长度将长达 1200 英里"。再如"如果你运用格雷戈里—莱布尼茨级数来计算 1200 英里 π 的近似值，结果当你努力计算了 50 万项之后，只会得到 30 位数。更不幸的是，它不会全部正确。事实上，在你所求得的 3.14159065358979323046264338326 中，两个 0 及最后的 6 都错了。"最后这一则应该算是"数学花絮"，不懂一点微积分是分享不到的，因为其中就涉及无穷级数收敛快慢的问题。

　　由此可以证明，该书作者拥有十分丰富的数学与电脑的背景知识，也正是如此，该书才能呈现风趣、华丽外表之下的实质内容，试看它的目录：

　　序：圆与方
　　导言：为何 π？／π 的意义

π 的历史

查德诺夫斯基兄弟的贡献

π 这个符号

π 的个性

化圆为方者

如何记住 π 的近似值

我们可以发现：作者尽其所能地在趣味的包装中，"渗透"了数学的历史、文化与知识。尽管在叙述π的沧桑史时，我把一些中国古代数学家名字拼错了，但这无损于他的史识。事实上，在他的"导言"中，作者就清楚地指出像π的探索这种"知识猎奇"的历史趣味：

> 吾人渴望了解π经常不是与实际多算一些小数位有关，而是想要针对下列问题寻求答案：像π这么简单如圆周与直径的比何以会表现出这么复杂的情状。π的追求植根于吾人对心灵与世界这两者的探险精神上，也基于吾人不断想试验人类极限的不可言状冲动上。这就仿佛登圣母峰一样，吾人攀爬，因为它就在那里。

是的，自从 π 分别被勒让德（A. M. Legendre）、林得曼于 1794 年、1882 年证明是无理数、超越数之后，不仅古希腊的著名几何作图题"化圆为方"确定不可能之外，追求π近似值的更多小数位数也必须赋予新的意义。这种处境在本事愈来愈高强的电子计算机开始介入 π 值的逼近时，似乎更显得迫切。譬如说吧，1949 年，计算机花了 70 小时才计算到 808 位。

1955 年，计算机则只花了 13 分钟就计算到 2037 小数位。四年之后，也就是 1959 年，已经到达 1 万多位数了，当年巴黎 IBM 704 计算到 16167 小数位。1960 年代开始进入 10 万位数。1961 年，纽约的 IBM 7090 花了 8.72 小时计算到 100200 小数位。1966 年，巴黎的 IBM 7030 计算到 250000 小数位。隔年，同样是巴黎的 CDC 6600 计算到 500000 小数位。1973 年，巴黎的让·吉尤（J. Guilloud）与布耶（M. Bouyer）运用了 CDC 7600 计算 100 万位数，共花了 23.3 小时。这是 1970 年代 π 仅有的一次逼近，此后，这个舞台就全部由日本人与查德诺夫斯基（Chudnovsky）兄弟来主导了。在 20 世纪八九十年代，有关 π 逼近的历史记录各有三次。前者首先由日本田村和迦那陀揭开序幕。1983 年，他们两人利用 HITACM-280 花了三十小时，计算了 1600 万位数。接着，1988 年迦那陀利用 Hitachi S-820 花了 6 小时，计算到 201326000 位数。然后是热闹的 1989 年，先是查德诺夫斯基兄弟找到 4 亿 8 千万位数；迦那陀计算了 5 亿 3 千 6 百万位数；查德诺夫斯基再推进到十亿位数。到了 1995 年，迦那陀又推到六十亿位数。隔年，查德诺夫斯基兄弟再攀 80 亿位数。最后是 1997 年的记录，迦那陀和他的新合作者利用 Hitachi SR2201，只花了 29 小时又多一点就创造了π逼近的历史新高：510 亿位数。

随着计算机超高效能的应用，π 逼近的小数位数有更多的神秘规律陆续向我们展示。有关 π 十进位小数展开式的"类型"（pattern）究竟如何刻画，这是一百多年前不可能的梦想，如今拜计算机之赐，我们对它终于有了比较踏实的了解。如此看来，有心享受 π 的乐趣，恰当地对待数学与计算机科学的结合，的确是当务之急了。